策略升級時代

STRATEGY U

陳小青，陳幹錦 著

從成長停滯到業績翻倍

成長卡關、執行失靈、團隊混亂……
看懂變與不變，重建企業成長的底層思維

如何分辨？如何取捨？
讀懂「變與不變」，不再亂調策略！
結合企業案例與深度解析，建立屬於你的決策思維系統

目 錄

推薦序一　　　　　　　　　　　　　　　　　　　　　　005

推薦序二　　　　　　　　　　　　　　　　　　　　　　007

自序　　　　　　　　　　　　　　　　　　　　　　　　009

前言　企業困局，往往源於無形之難　　　　　　　　　　011

第一章　策略的根本 —— 能力為策，智慧為略　　　　　015

第二章　預見力為起點 —— 策略覺醒的關鍵基石　　　　037

第三章　思想驅動策略 —— 策略形成的核心動力　　　　067

第四章　競爭力之刃 —— 策略聚焦的尖端所在　　　　　089

第五章　企業家進化論 —— 策略家應具備的特質　　　　125

第六章　不確定性，策略決策的無聲敵手　　　　　　　　161

目錄

第七章　打破邊界 —— 以認知進化突破瓶頸　195

第八章　因應變局 —— 策略升級的進化思維　225

第九章　實踐之道 —— 讓策略走出紙面　263

第十章　看懂世界局 —— 策略的全球定位思維　289

推薦序一

　　選擇是遠遠大於努力的，創業者務必確保在做正確的事，才能正確地把事做好。智者總說，要向有結果的人學習！因為，成功是有規律的。

　　本書中，兩位作者深刻闡述了思想力量在企業策略中的核心地位，提出「認定目標，找對人才，凝聚一心」的理念，為企業策略的塑造提供了清晰且有力的方向。

　　「認定目標」是根基，企業要深度洞察市場，精準定位核心業務，確立使命願景。只有清晰「為何而在」，才能堅守長期導向，抵抗短期誘惑，持續累積競爭優勢。「找對人才」是動力，企業發展離不開人才。要釐清人才需求與標準，吸引、培養人才，打造高效團隊。只有志同道合、能力互補的人匯聚，才能攻克困難，將策略藍圖變為現實。「凝聚一心」是橋梁，藉由建立共同價值觀與正向的企業文化，加強溝通合作，讓員工認同企業目標。如此一來，企業內部形成強大凝聚力與向心力，在激烈的市場競爭中，便能釋放強大能量，披荊斬棘、破浪前行。

　　找到自己的使命、願景，用不亞於常人的努力，每天進步一點點。企業領袖，最重要的任務，就是帶領團隊的成員，每天都做有用功。本書並非紙上談兵的理論著作，而是一本充滿實戰智慧的指南。它所闡述的理念與方法，為企業在複雜多變的商業環境中，提供了切實可行的策略路徑。無論是初創企業探索前行方向，還是成熟企業尋求突破與轉型，都能從這本書中獲得寶貴的啟示與借鑑。

　　強烈推薦在圓夢路上的你讀一讀這本書，它可助你以全新的視角，在創業的路上穿越迷霧，辨清方向，少走彎路。

王祥偉

推薦序一

推薦序二

　　投身商業領域二十餘載，憑藉著不懈的努力與滿腔熱忱，我將公司逐步發展至初具規模。一切似乎風平浪靜、中規中矩，但自己知道，商場如戰場，暗流湧動，稍有不慎，滿盤皆輸。

　　到了企業發展的瓶頸期，就在我為企業的未來發展深感迷茫與焦慮之時，有幸結識了本書的兩位作者，他們可以說是改變我企業命運軌跡的恩師。他們的指導摒棄了一切不切實際的表面功夫，並非單純傳授一些表面的技巧，而是深入到整體設計與策略規劃的核心層面，從重塑創始人的「心力、腦力、體力」出發，全方位革新我們的行為習慣與思考模式，助力企業成功打破僵局，邁向全新的發展高度。

　　本書凝聚著兩位老師的心血，書中對企業策略的剖析精準且深入。它清晰地指出，策略的本質在於「策」與「略」的完美融合，「策」是企業在市場中施展專業實力、付諸行動的過程，「略」則是精準謀劃、巧妙布局的智慧結晶。預見力作為策略覺醒的基石，極為重要。唯有擁有敏銳預見力的企業，才能在變幻莫測的市場環境中提前洞察先機，搶占發展的制高點。

　　核心競爭力則如同策略的利刃，能幫助企業在激烈的市場競爭中突出重圍，贏得勝利。書中對於真正的企業家，即策略家的特質闡述，讓我深受啟發。

　　善破局者存，善掌全局者勝。真正的策略家，不僅要有敢突破常規的勇氣與智慧，更要有掌控全局的能力與胸懷。他們能夠在複雜多變的商業局勢中，精準掌握每一個關鍵點，做出正確的決策。

推薦序二

　　在當下這個充滿不確定性的商業時代，本書為中小企業提供了一個全新且全面的視角。它幫助我們勇敢面對發展過程中遇到的各種困難，以科學方式合理地調整經營策略，系統性梳理發展上的阻礙，從而引領企業走出困境，邁向成功的彼岸。相信每一位用心研讀這本書的中小企業經營者，都能從中收穫寶貴的啟示與前行的力量。

劉濤

自序

在當今複雜多變、競爭激烈的商業世界中，企業猶如在洶湧波濤中航行的船隻，隨時面臨著被巨浪吞沒的危險。許多企業有著良好的初衷、優質的產品或服務，卻在市場的風雲變幻中迷失方向，陷入困境，甚至被淘汰出局。我撰寫本書的初衷，正是源於對這些現象的深入洞察與思考，希望能為企業經營者、創業者，以及對商業策略感興趣的人士提供一盞指引方向的明燈。

我自己投身商業領域多年，經歷了從基層業務人員到企業高階管理者的轉變過程，在這個過程中，深刻體會到策略決策對於企業發展的根本性影響。無論是新興科技企業在快速崛起時如何鞏固市場地位，還是傳統製造業在面臨數位化轉型浪潮時如何華麗變身，策略都是那個隱藏在諸多經營行為背後的指揮棒。

我發現，很多企業在策略方面面臨諸多困惑。

一方面，市場資訊繁雜，各種趨勢讓人眼花撩亂，難以準確判斷未來方向。

另一方面，策略的理論和方法眾多，但卻不知道如何根據企業自身的實際情況進行有效的策略規劃。有些企業盲目跟風熱門的商業模式或技術趨勢，結果陷入不擅長的領域，資源分散，失去了核心競爭力；而有些企業故步自封，未能及時適應市場變化，漸漸被市場邊緣化。

本書旨在打破傳統商業策略的固有框架，融合最新的商業理念和實戰經驗，提供一套具有可操作性的策略突圍方法體系。書中既有對總體經濟環境、產業競爭格局的深入分析，也有基於企業內部資源和能力評估的策略建構思維；既探討了新興技術，如網際網路、大數據、人工智

自序

慧如何重塑商業策略格局，也研究了傳統企業在不同發展階段的策略轉型要點。

我希望讀者能夠從本書中得到以下幾點收穫：一是能夠掌握一套清晰的策略分析框架，學會從策略面到執行面全面審視企業所處的商業環境；

二是可以根據自身的實際情況，制定出符合企業長期發展目標的策略規劃，找到企業獨特的競爭優勢並加以鞏固和放大；

三是學會如何應對策略執行過程中的各種挑戰，靈活調整策略，在不斷變化的市場中保持競爭力。

為了撰寫本書，我查閱了大量的商業案例、研究報告和學術著作，與眾多企業家、產業專家進行了深入的交流探討。每一個案例的分析、每一個策略觀點的提出，都是希望能夠為企業的策略突圍提供更多的思考方向和實踐參考。

最後，我衷心希望本書能夠為讀者在商業商業航程中提供有價值的指引，協助企業和創業者在激烈的市場競爭中成功突圍，航向繁榮的彼岸。

陳小青

前言　企業困局，往往源於無形之難

　　在商業的廣袤天地裡，我們常常面臨著看似無法踰越的障礙，這些障礙宛如崇山峻嶺橫亙在企業發展的道路上。然而，那些真正決定企業興衰成敗的關鍵因素，卻往往隱匿在無形之中，它們並非是肉眼可見的技術難題、資金缺口或市場障礙，而是深深扎根於企業領導者和整個組織的認知層面，關乎策略的覺醒與升級。

　　的確，技術創新極為重要，新的製程、先進的設備可以提升生產效率、降低成本，但是如果沒有正確的策略指導，這些優勢可能只是曇花一現。就如同一家製造商，它可能成功研發出了一種效率極高的生產機器，短期內產量大幅提升。然而，如果沒有考慮到市場的飽和度、競爭對手的反應以及消費者需求的變化，這種技術優勢可能迅速變成庫存積壓的噩夢。

　　這便是認知限制帶來的後果，只看到了有形的生產效率提升，卻忽視了無形的市場策略布局。

　　資金短缺也常常被企業列為發展的重大難題之一。但實際上，資金只是企業發展的一個要素，而不是決定因素。許多企業在尋求資金挹注時，往往忽略了更重要的問題：資金的用途和策略規劃。有些企業盲目地追求大規模融資，以為有了錢就可以解決一切問題。然而，當大量資金湧入後，卻因為沒有清晰的策略方向，導致資金被浪費在一些不必要的專案上，或者過度擴張，最終陷入財務困境。那些真正成功的企業，即便在資金相對緊張的情況下，也能透過精準的策略定位，找到適合自己的發展路線。比如一些新興的科技新創公司，它們在初期可能沒有雄厚的資金挹注，但憑藉對利基市場的深入理解和獨特的策略眼光，將有限的資源集中

前言　企業困局，往往源於無形之難

投入到核心業務上，讓業績逐步成長，吸引了後續的投資。

市場障礙看似是企業面臨的有形難關，新進入者需要面對強大的競爭對手、複雜的市場通路和消費者的固有品牌認知。但深入分析後會發現，突破市場障礙的關鍵依然在於策略認知。以電商產業為例，這個領域已經被幾家大型企業占據，新的電商平臺似乎很難有立足之地。然而，一些後來者透過重新定義市場策略，聚焦於特定的消費族群，如主打國際精品電商、專注於地區型市場的電商平臺等，成功地突破了看似堅不可摧的市場障礙。它們沒有被現有的市場格局所束縛，而是從新的策略角度審視市場，發現了那些被忽視的機會，這就是策略覺醒的力量。

那麼，什麼是策略覺醒呢？它是企業領導者和團隊對商業本質的重新審視，是對市場、消費者、競爭對手，以及自身能力的深度洞察。它要求企業擺脫傳統思維的束縛，打破慣性的決策模式，以一種全新的視角看待企業的發展。這種覺醒不僅僅是高層管理者的任務，更需要整個組織的參與。從研發人員對新技術趨勢的敏銳捕捉，到市場人員對消費者心理變化的準確掌握，再到生產人員對品質和效率的持續改進，每一個環節都需要與策略升級相契合。

策略覺醒是一個痛苦而又充滿挑戰的過程。它意味著企業要勇於否定自己過去的成功經驗，承認自己的認知限制。這對於許多企業來說是極為困難的，因為過去的成功往往會形成一種路徑依賴，讓企業陷入舒適圈。但如果不能跳出這個舒適圈，企業就無法適應變化，最終被市場淘汰。同時，策略覺醒還需要企業在資訊爆炸的時代，從大量的數據和資料中篩選出真正有價值的內容，用於指導策略決策。這需要企業建立起一套完善的資訊收集、分析和回饋機制，而這對於大多數企業來說，也是一個巨大的挑戰。

一旦企業實現了策略覺醒，其帶來的回報是巨大的。業績成長只是其中最直觀的展現，更重要的是企業獲得了永續發展的能力。企業不再是被動地應對市場變化，而是能夠主動地引領市場趨勢。透過策略升級，企業可以改善資源配置，將有限的資源投入到最有潛力的業務領域，提升資源利用效率。同時，策略覺醒還能提升企業的競爭力，使企業在激烈的市場競爭中脫穎而出，贏得消費者的信任和合作夥伴的支持。

　　在本書中，我們深入探討了策略覺醒的內涵、過程和方法。書中呈現的大量實際案例，細緻展現各類成功企業突破認知限制、達成策略升級的歷程。這些案例涉及多種產業、各種規模的企業，無論是新興的網路企業、傳統的製造業企業，還是處於不同發展階段的新創公司和大型跨國企業，他們的故事如同璀璨繁星，交織成一幅栩栩如生的策略覺醒畫卷，為讀者照亮前行的路。

　　我們希望這本書能夠成為企業領導者、管理者，以及所有關心企業發展的人士的一盞明燈。在這個充滿不確定性的商業時代，幫助大家撥開迷霧，找到企業業績成長的新路徑。透過理解和實踐策略覺醒，讓企業在複雜多變的市場環境中，行穩致遠，創造更加輝煌的業績。因為世界上的難事，真正的挑戰，從來都不是那些有形的障礙，而是我們內心深處的認知限制和策略的落後。只有突破這些無形的枷鎖，企業才能真正起飛。

前言　企業困局，往往源於無形之難

第一章
策略的根本 ── 能力為策，智慧為略

「策是能力」，這是刀槍劍戟，是企業的核心技術與高效營運，是個人的專業技能、堅韌意志，缺了它，一切都是空中樓閣。「略是智慧」，這是運籌帷幄，是在亂局中一眼看穿利弊的慧眼，是在競爭中彎道超車的奇謀。那些把策略當兒戲的人，必將被市場碾碎。

策是做什麼，略是棄什麼

對於企業來說，策略是什麼？

如果把企業比作一艘在浩瀚海洋中航行的巨輪，那麼策略就是這艘巨輪的導航系統。沒有策略，企業就如同沒有導航儀的船，只能在茫茫大海中隨波逐流，漫無目的地漂泊。它可能會因為一時的風向或潮流而短暫前行，但卻不知道自己要航向何方，隨時都有觸礁、擱淺，甚至沉沒的危險。而有了明確的策略，企業這艘巨輪就有了清晰的方向和目標。策略如同精準的導航系統，能夠為企業規劃出最佳航線，避開潛在的風險區域，引領企業駛向成功的彼岸。它能讓企業在面對各種風浪和挑戰時保持堅定的方向，妥善配置資源，高效地利用每一股風、每一道洋流，以最快的速度、最安全的方式抵達目標港口。策略還能幫助企業在不同的發展階段做出正確的決策，是加速前進、保持平穩還是調整方向，確保企業始終在正確的航道上穩步前行。

「策是能力，略是智慧」，能力與智慧的融合是策略的核心。只有將能力與智慧有機地結合起來，企業才能制定出實際可行的策略，實現長期穩定的發展。

「策」為企業指明了該做什麼，企業應該具備什麼樣的能力。

表 1-1 企業應具備的四大能力及其重要性

能力類型	描述	與其他能力的關係
技術能力	企業在市場競爭中的重要武器，先進技術可帶來競爭優勢	為行銷提供有競爭力的產品基礎；管理能力可幫助技術研發與應用的高效推進；創新能力能驅使技術的不斷升級與突破

能力類型	描述	與其他能力的關係
行銷能力	透過有效手段讓產品被消費者認識和接受	依賴技術能力提供的產品特性來進行針對性行銷宣傳；管理能力可保障行銷活動的有序進行與資源調配；創新能力有助於開拓新的行銷思維與模式
管理能力	企業穩定發展的保障，可提升營運效率等	能合理調配資源支持技術研發、行銷活動展開等；為創新能力的發揮營造良好的企業內部環境，促進創新成果的實現
創新能力	企業發展關鍵，滿足消費者變化需求	可驅使技術能力的更新換代；為行銷能力帶來新的策略與方式；管理能力需適應創新需求，不斷調整管理模式與流程，以推動創新發展

　　首先，技術能力是企業在市場競爭中的重要武器。在當今科技飛速發展的時代，擁有先進的技術可以為企業帶來巨大的競爭優勢。其次，行銷能力也是企業不可或缺的一部分。一個好的產品需要透過有效的行銷手段才能被消費者所認識和接受。例如，可口可樂以其強大的品牌行銷能力，成為全球最具價值的品牌之一。可口可樂透過廣告宣傳、贊助活動、社群媒體等多種管道，不斷提升品牌知名度和好感度，讓消費者在全球各地都能感受到可口可樂的魅力。再者，管理能力是企業穩定發展的保障。高效的管理可以提升企業的營運效率，降低成本，提升企業的競爭力。此外，創新能力也是企業發展的關鍵。在快速變化的市場環境中，只有不斷創新才能滿足消費者日益變化的需求，保持企業的競爭力。

　　「略」告訴企業棄什麼，代表著企業的智慧，這種智慧主要展現在策略決策、資源配置和風險管理等方面。

　　策略決策是企業發展的關鍵。一個明智的策略決策可以為企業帶來巨大的發展機遇，而一個錯誤的決策則可能導致企業陷入困境。例如，在網際網路泡沫破滅後，許多網路企業紛紛倒閉，而亞馬遜卻憑藉其正

確的策略決策,堅持以客戶為中心,不斷擴大商品種類和服務範圍,逐漸成為全球最大的電子商務公司之一。

資源配置是企業策略中十分重要的部分。企業需要根據自身的策略目標,合理配置人力、物力、財力等資源,以實現資源的最佳利用。

風險管理也是企業智慧的重要展現。在商業活動中,企業面臨著各種風險,如市場風險、技術風險、財務風險等。企業需要透過有效的風險管理措施,降低風險發生的機率和影響範圍。例如,摩根大通以其強大的風險管理體系,在全球金融危機中表現出色,成為少數幾家能夠倖存下來的金融機構之一。

企業需要不斷提升自身的能力,同時運用智慧進行策略決策和資源配置,實現能力與智慧的融合,制定出切實可行的策略,實現長期穩定的發展。在當今競爭激烈的商業世界中,只有具備強大的能力和智慧的企業,才能在市場的浪潮中立於不敗之地。

在當今時代,競爭日益激烈,變化日新月異,我們更需要具備策略思維,制定明確的策略規劃,以應對各種挑戰。

做加法很容易，做減法很難

在當今複雜多變的商業環境中，企業的策略抉擇猶如在茫茫大海中掌舵，稍有不慎便可能偏離航向，駛向未知的險灘。

企業常常如渴望成長的孩子，面對市場機遇如琳瑯滿目的糖果，難以抗拒誘惑。

新機遇出現，如見誘人糖果便急切抓取，拓展業務；見競爭對手推新品，如其他孩子有新玩具便跟風。做加法似本能，背後是對成長的渴望和對成功的追求。但盲目加法未必甜蜜，業務線過多如同孩子抓滿玩具卻無法專注其一，分散資源與精力，使核心業務遭受冷落。新領域競爭風險難測，失敗則損資耗時，損及聲譽。此外，隨著業務擴張，管理難度大幅提升，組織臃腫，導致決策效率低落。

相反，做減法需勇氣、智慧，如讓孩子放下多餘的玩具，專注最愛。意味著放棄誘人的機會，收縮業務，聚焦核心競爭力。雖然艱難，卻能幫助企業在激烈競爭中脫穎而出，如孩子專注一個玩具，玩得更深入開心。

曾經有一間大型零售企業，恰似一位在區域市場嶄露頭角的新星，擁有著令人矚目的特色業務——以優質服務為核心的零售版圖。其業務涵蓋了各個不同的領域，如同一個孩子置身於一座充滿趣味玩具的樂園。這家企業在做加法的道路上穩步前行，盡情享受著業務拓展帶來的人氣與名聲。透過不斷地改良服務和拓展商產品類別，它迅速成長為極具影響力的零售企業之一，光芒初綻，令人讚嘆。

然而，商業世界恰似變幻莫測的風雲海洋，隨著市場環境的急遽變化和競爭的日益白熱化，它的多元化策略漸漸顯露出重重問題。業務的過度分散，彷彿孩子的玩具隨意散落在各個角落，讓人無從下手，難以集中精力玩耍。這直接導致了資源的無法集中，使得核心競爭力變得模

糊不清。同時，一些業務單位猶如在暴風雨中飄搖的孤舟，面臨著巨大的市場壓力，盈利能力急遽下降。就如在某些新興業務領域的嘗試，由於缺乏足夠的經驗和資源支持，瞬間如同脆弱的玩具，失去了往日的光彩，陷入了困境。

那麼，為何企業「做加法很容易，做減法很難」呢？這背後蘊含著深刻的原因。

人性的貪婪與對成功的熾熱渴望，如同一隻無形的手，推動著企業不斷做加法。企業管理者們往往懷揣著遠大的抱負，期望透過持續擴張來實現更大的成就，滿足內心的野心與榮譽感。這恰似孩子看到更多的玩具便欲罷不能，企業一旦面對眾多市場機會，也難以抗拒那誘人的誘惑。在追求成功的道路上，擴張似乎成為了一種本能的選擇，彷彿只有不斷擴大規模，才能證明自己的價值。

市場的誘惑與競爭壓力，也是促使企業做加法的重要因素。當新的市場機遇如璀璨星辰般閃現時，企業猶如在黑暗中渴望光明的行者，擔心錯過這稍縱即逝的機會，生怕被競爭對手遠遠甩在身後。於是，紛紛湧入新的領域，試圖搶占先機。同時，競爭對手的擴張行動如同聲聲戰鼓，不斷帶給企業巨大的壓力，迫使企業不得不做出同樣的選擇，踏上做加法的道路。

缺乏長遠的策略眼光和破釜沉舟的勇氣，則是減法難以實行的關鍵所在。企業常常只盯著眼前的利益，如同被迷霧遮住雙眼的旅人，難以割捨那些看似仍有價值的業務。做減法意味著要面對失敗的風險，承受內部的巨大壓力，這需要有強大的勇氣和堅定的決心。放棄，對於企業來說，往往是一個艱難的抉擇，因為這意味著承認曾經的努力可能付諸東流。

面對這些難題，那間大型零售企業以其果敢的行動和智慧的決策，為我們提供了寶貴的解決方案。

釐清自己的核心競爭力,是關鍵的一步。企業如同在茫茫大海中尋找燈塔的航船,只有明確自己的核心競爭力,才能在洶湧的波濤中找到前行的方向。對旗下業務進行了全面而深入的梳理和評估,如同一位精明的收藏家在整理自己的珍寶。經過深思熟慮,確定了以優質服務為核心,在主要市場中深耕。這恰似孩子在眾多玩具中,精心挑選出了最喜歡的娃娃屋和寶庫。企業充分發揮自身在服務、品牌、通路等方面的優勢,集中資源全力打造核心業務,不斷提升市場競爭力。例如在超市業務中,持續提升服務品質,如同一位貼心的管家,不斷滿足顧客的各種需求。推出的個性化服務和優質商品,讓它在零售領域如璀璨明星,閃耀於市場之上。透過提升核心業務的競爭力,牢牢鞏固了自己在當地市場上的領先地位。

敢放棄,是企業展現出的非凡勇氣。做減法意味著要放棄一些機會和業務,這需要企業管理層有鋼鐵般的意志和果敢的決斷力。在放棄的過程中,這間零售企業對業務進行了全面的評估,權衡利弊,如同一位睿智的將軍在排兵布陣。對於那些與核心競爭力不相關、前景不明朗或者風險較高的業務,它果斷選擇放棄。毅然調整某些事業群,充分展現了其敢放棄的決心。這就如同孩子放下那些已經玩膩了或者不喜歡的玩具,把精力集中在真正喜歡的玩具上。企業要勇於面對失敗,並了解到某些業務的失敗並不代表整個企業的失敗。放棄,是為了更清楚地聚焦在為了實現永續發展的宏偉目標。

精進內部管理,是實現策略轉型的重要支撐。做減法不僅僅是業務上的收縮,更是內部管理的一次深度變革。透過精簡組織架構,去除冗餘的部門和層級,如同一位高明的工匠在雕琢一件精美的藝術品。這一舉措大幅提升了決策效率和營運效率,同時加強了各事業群之間的協作,實現了資源的最佳化配置。這恰似孩子整理玩具箱,清理掉不需要

的玩具，讓玩具箱更加整潔有序。企業要改善內部流程，減少不必要的環節和浪費，提升營運效率。同時，要加強企業文化建設，培養積極向上的企業精神，提升員工的凝聚力和執行力，讓員工深刻理解和支持企業的策略調整。

加強合作與整合，是減法過程中的明智之舉。在商業世界中，合作與整合如同編織一張堅固的網，能夠為企業帶來強大的力量。這就如同孩子和同伴一起玩玩具，分享彼此的玩具，共同創造更多的樂趣。企業要積極尋找合作夥伴，實現資源共享、優勢互補。透過合作與整合，企業可以提升自身的競爭力，實現雙贏發展。

在具體措施方面，業務重組可以讓旗下業務進行了全面梳理和評估，確定核心業務，果斷調整非核心業務。透過業務重組，將資源集中到具有核心競爭力的領域。精簡組織架構，去除了冗餘部門和層級，提升了決策效率和營運效率，加強了各事業群之間的合作，實現了資源的最佳化配置。擴大服務創新投入，在核心業務領域持續深耕，提升了服務品質和顧客感受，增強了市場競爭力。

在效果方面，資源集中使得企業能將大量的資金和人力資源集中到了核心業務上，為核心業務的發展提供了強大的支持。就像孩子把所有的零用錢都用來買最喜歡的玩具，這個玩具必然會更加精美。競爭力提升讓該零售企業在核心業務領域的加大投入取得了顯著成效，其服務和商品在市場上更具競爭力。例如在超市業務中，它不斷推出新的服務模式和優質商品，鞏固其市場領先地位。就像孩子把所有的精力都放在玩娃娃屋上，一定會成為玩娃娃屋的高手。營運效率提升得益於精簡組織架構，決策流程更加簡潔效率，營運成本降低。同時，各事業群之間的合作效應也得到了加強，提升了整體營運效率。就像孩子整理好玩具箱後，找玩具更加容易，玩玩具的效率也更高了。

在目標方面，聚焦核心業務讓它明確了自己的核心業務，將精力集中在這些領域，致力於成為零售產業的領導者。就像孩子專注於玩最喜歡的玩具，有望成為這個玩具領域的小專家。永續發展透過提升核心競爭力和營運效率，為員工、顧客和股東創造了長期的價值。就像孩子透過玩最喜歡的玩具，獲得了快樂和成長，同時也讓家長感到欣慰。

收縮利基市場的業務更是生動地展現了這間企業的智慧決策。在百貨領域，它曾經涉足多個細分市場，但後來發現一些細分市場的規模較小且競爭激烈，投資報酬率不高。於是，它便果斷決定收縮在這些利基市場的業務，將資源集中在高級時尚百貨等核心領域。這一舉措使得它在高級時尚百貨的市場占有率進一步提升，加強了品牌影響力。

策略的平衡之道，是企業在發展過程中必須深刻領悟的真理。策略的本質既包括戰的能力，也包括略的智慧。在企業發展的歷程中，要做到加法和減法的完美平衡。做加法可以為企業帶來新的機遇和成長空間，但要避免盲目擴張；做減法可以讓企業聚焦核心競爭力，提升效率和效益，但也不能過於保守。

在制定策略時，企業要根據自身的實際情況和市場環境，靈活運用加法和減法。在不同的階段，要有不同的核心重點。例如，在企業發展的初期，可以適當做加法，拓展業務範圍，累積資源和經驗；當企業發展到一定規模後，要適時做減法，收縮業務範圍，聚焦核心競爭力。

同時，企業還要不斷提升自身的策略管理能力。要建立科學化的策略決策機制，加強對市場的研究和分析，及時調整策略方向。要培養一支高素養的管理團隊，需要具備敏銳的市場洞察力和果斷的決策能力。

企業的成功經驗告訴我們，策略的本質是策與略的統一，是加法與減法的平衡。在商業競爭日益激烈的今天，只有深刻理解策略的本質，敢做減法，聚焦核心競爭力，才能在市場中立於不敗之地。

聚焦，然後找到自己獨一無二的價值

　　商業世界瞬息萬變，機遇與挑戰如影隨形。企業面臨著無數的選擇與誘惑，稍有不慎便可能迷失方向。然而，真正的強者懂得在這紛繁複雜的局面中堅守初心，聚焦核心領域，如同一位技藝精湛的工匠，精心雕琢自己的作品。

　　聚焦，並非是一種簡單的收縮或限制，而是一種策略的選擇，一種對資源的有效整合與利用。它如同將一束強光匯聚於一個點，爆發出巨大的能量，讓企業能夠深入挖掘市場需求，精準掌握客戶關鍵問題，進而提供更具針對性、更高品質的產品或服務。

　　當企業專注於一個特定的領域或目標時，便能夠全心全意投入其中，深入了解該領域的每一個細節。就如同一位深入敵後的偵察兵，對地形地貌、敵人動態瞭如指掌。企業可以更加敏銳地感知市場的變化，迅速做出反應，滿足客戶不斷變化的需求。同時，聚焦也有助於企業在特定領域累積豐富的經驗和專業知識，不斷創新與改進，提升自身的競爭力。這種累積就像是一座不斷增高的山峰，讓企業在競爭中占據制高點，俯瞰整個市場。

　　明確核心業務，是小聚焦策略的第一步。要在競爭激烈的市場中脫穎而出，必須清楚自己的核心競爭力所在，將資源集中在最有潛力的領域。企業透過科學化的產品類別定位，能夠在滿足客戶需求的同時，充分發揮自身優勢，避開對手鋒芒，精準地切入市場空隙，從而實現永續發展與商業價值最大化。

　　產品類別定位的首要步驟是進行全面而深入的 SWOT 分析（詳見圖 1-1）。

這一策略工具能夠幫助企業系統地剖析自身的內部優勢（Strengths）與劣勢（Weaknesses），以及外部環境所蘊含的機會（Opportunities）與威脅（Threats）。

以一間知名電器商為例，其內部優勢顯著，擁有精湛的小家電製造工藝、出色的產品設計能力以及良好的品牌口碑。劣勢則可能展現在市場推廣管道相對有限等方面。外部環境中，消費習慣的改變帶來了對高品質小家電需求的成長，這是機遇；而同行競爭加劇、原物料價格波動則是威脅。

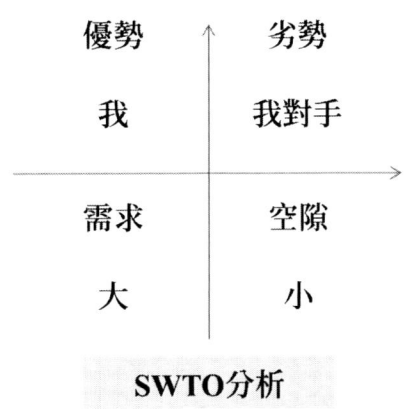

圖 1-1 策略工具 SWOT 分析法座標圖

基於此，該電器商在聚焦於產品類別定位。以客戶需求為導向，發現現代消費者對多功能、精緻小巧且操作便捷的廚房小家電需求頗高。它充分發揮自身設計與製造優勢，推出如多功能早餐機、迷你烤箱等產品，滿足消費者在有限廚房空間內的多樣化烹飪需求。針對競爭對手在個性化設計和細分功能開發上的不足，並以獨特的外觀設計和細分功能創新為切入點。

透過將 SWOT 分析與客戶需求、自身優勢、對手劣勢及市場空隙緊密結合，該電器商成功建構起獨特的產品類別定位策略。這種對市場的

第一章　策略的根本—能力為策，智慧為略

精準掌握，源於它對核心業務的高度專注。它們深知，只有深入了解消費者的需求，才能推出真正滿足他們的產品。因此，便不斷投入資源進行市場調查，了解消費者的生活習慣、消費偏好和需求變化。透過對這些資訊的分析，及時調整產品策略，推出符合市場需求的新產品。

打造核心競爭力是該電器商聚焦策略的關鍵環節。創新設計，則是他們始終堅守的原則。從產品外觀設計到功能創新，對每一個細節都進行了精心打磨。這種對創新設計的執著追求，使他們的產品在消費者心目中建立了獨特的形象。

在競爭激烈的市場，該電器商的產品面臨著眾多品牌的挑戰，但他們憑藉可愛的外觀設計和實用的功能贏得消費者的喜愛。該電器商深知創新設計是企業的命脈，只有不斷推出具有創新性的產品，才能在市場中立於不敗之地。因此在產品設計上不斷突破，引入新的元素和理念，提高產品的競爭力。

品質保障，是該電器商保持競爭力的重要手法。他們每年投入大量的資金用於產品品質檢測和提升，確保每一個產品都符合嚴格的品質標準。例如，在原物料的選擇上嚴格把關，確保使用環保、安全的材料。同時，不斷改進製程，提升產品的品質和穩定性。

品牌形象對該電器商來說也是核心競爭力中重要的一部分。他們擁有眾多深受消費者喜愛的品牌，而這些品牌在消費者心目中具有較高的知名度和美譽度，成為該電器商在市場競爭中的有力武器。品牌形象的建立並非一蹴可幾，而是需要長期的努力和投入。需要積極進行廣告宣傳和市場行銷活動，向消費者傳遞自己的品牌理念和產品優勢。

同時，還可透過贊助公益活動、文化活動等方式，提升品牌的知名度和好感度。

在當前的社會環境下，消費者對企業的社會責任越來越關注。企業

的社會責任不僅是一種道德要求，也是提升品牌形象的重要方法。因此，企業積極參與環保行動，致力於減少產品對環境的影響。同時還可進行公益活動，關心弱勢群體，為社會做出貢獻。

建立強大的品牌形象，可以在消費者心目中樹立了良好的口碑，增強了消費者對其產品的信任和忠誠度。這些舉措可使企業在激烈的市場競爭中脫穎而出，成為消費者心目中的首選品牌。

持續創新和發展，是保持競爭力的不竭動力。該電器商保持著創新的精神和發展的動力，不斷投入研發，推出新的產品和技術，滿足市場不斷變化的需求。同時，也積極拓展國際市場，與全球各地的合作夥伴建立合作關係，實現了企業的持續發展。

隨著消費者對智慧化小家電的需求不斷增加，小家電產業的發展趨勢也逐漸向智慧化方向轉變。該電器商迅速響應市場變化，加大了在智慧化小家電領域的研發投入。推出的各項智慧型產品，受到了消費者的廣泛歡迎。

同時，與電商平臺的合作，使得產品能夠更快速地接觸消費者，提升了銷售效率。在產業環境的變化中，該電器商不斷調整策略，持續創新和發展，保持了企業的競爭力。

在具體舉措方面，該電器商明確核心業務，聚焦小家電領域，細分多個產品類別，針對不同消費族群的需求推出產品。打造核心競爭力，堅持創新設計，注重品質保障，加強品牌經營。建立品牌形象，進行市場推廣和社會責任活動，提升品牌知名度和好感度。持續創新和發展，投入研發，推出新產品和技術，拓展國際市場，布局新領域。

這些舉措帶來了資源集中的效果，將資源集中在小家電領域，提升了生產效率和市場競爭力。品質提升方面，嚴格的品質控制標準，使得他們的產品在消費者心目中樹立了良好的口碑。創新成果顯著，不斷推

出新的產品和技術，滿足了市場不斷變化的需求。品牌價值提升，強大的品牌形象為它帶來了更多的客戶和市場占有率，提升了品牌的附加價值。

在目標實現方面，該電器商透過聚焦核心業務和持續創新，在小家電領域取得了卓越成就，成為知名的小家電企業。滿足了消費者需求，他們的產品和技術為消費者提供了豐富多樣、高品質的小家電選擇，滿足了不同消費族群的需求。實現了永續發展，小熊電器透過不斷創新和拓展市場，實現了企業的永續發展，為股東創造了長期的價值。

為了幫助企業順利聚焦和找到自己獨一無二的價值，我們可以從上述的成功經驗中總結出一些具有實用性和可操作性的方式方法。

深入市場調查是關鍵。企業要深入了解市場需求、客戶核心需求和競爭對手情況，透過市場調查、客戶訪談、資料分析等方式，獲取準確的市場資訊。

只有了解市場，才能精準找到自己的定位，認清核心業務。

制定明確的策略規劃。企業要制定明確的策略規劃，認清自己的核心業務、目標市場、競爭策略和發展方向。策略規劃要具有前瞻性、可行性和可操作性，能夠為企業的發展提供指導和方向。

加強創新和研發投入。企業要加強創新和研發投入，不斷推出具有創新性的產品和技術。創新是企業發展的動力，只有不斷創新，才能滿足市場不斷變化的需求，找到自己獨一無二的價值。

建立核心競爭力評估體系。企業要建立核心競爭力評估體系，定期對自己的核心競爭力進行評估和分析。評估體系要包括技術創新能力、產品品質、品牌形象、客戶服務等方面，能夠全面反映企業的核心競爭力。

培養企業文化和價值觀。企業要培養積極向上的企業文化和價值觀，為企業員工提供行為準則和精神動力。企業文化和價值觀要與企業的策略規劃和核心競爭力相互配合，能夠為企業的發展提供文化支持和保障。

在商業的競爭中，策略的本質是策是能力，略是智慧。聚焦，然後找到自己獨一無二的價值，則是企業在策略制定與執行過程中需要牢牢掌握的核心原則。企業要深入了解市場需求，創新和差異化，建立核心價值觀，制定明確的策略規劃，建立核心競爭力評估體系，加強創新和研發投入，建立客戶關係管理體系，培養企業文化和價值觀，不斷提升自己的競爭力和價值。

策略的精髓是犧牲和放棄

策，是積極主動地去爭取、去打拚，是展現能力的舞臺；略，則是懂得捨棄、善於抉擇，是智慧的結晶，它要求我們在面對複雜的局面時，能夠清晰地判斷形勢，捨棄那些不必要的，甚至是阻礙發展的因素，從而集中精力實現核心目標。策略的核心，不僅在於明確戰的方向和目標，更在於掌握略的分寸和時機，它是確立主線、劃分邊界的藝術。

可口可樂便是策略實施的典範。自 1886 年由藥劑師約翰·彭伯頓（John Pemberton）發明創立以來，其發展歷程彰顯了策略的多層面內涵。從公司策略層面看，可口可樂始終堅守核心業務，將可口可樂這一旗艦產品作為整體長期發展的核心支柱。在資源配置上，公司層管理者依據對市場的綜觀與內外部環境的考量，把大量資源傾注於可口可樂品牌的建構與推廣上，雖有雪碧、芬達等其他產品，但核心資源從未偏離。例如在功能性飲料市場興起之際，未盲目跟風多元化，而是犧牲拓展該領域的機會，持續專注於自身核心競爭力的強化，這種抉擇為公司在飲料產業奠定了不可撼動的地位，也為其他策略層面的規劃指引了方向。

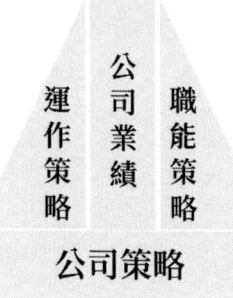

圖 1-2 企業策略制定金字塔

公司策略處於策略制定金字塔的頂端，它是由公司的管理者來主導制定的（詳見圖 1-2）。公司策略著眼於整個企業的長期發展方向、目標以及整體的資源配置等總體層面的規劃。公司的管理者需要站在企業整體層面的高度，審視企業所處的內外部環境，包括市場趨勢、競爭對手狀況與總體經濟形勢等。他們要確定企業是多元化發展，比如涉足多個不同領域的業務，還是專注於某一特定領域進行深耕。

對於可口可樂而言，其公司策略的制定者們深知在競爭激烈且多元化的飲料市場中，核心產品的聚焦是關鍵所在。在早期發展階段，當面對各種新興飲料概念的衝擊時，他們沒有輕易動搖對可口可樂品牌的信心與資源投入。這一決策並非偶然，而是基於對市場趨勢、消費者需求以及自身品牌優勢的深入分析。當時，市場上雖然出現了許多功能性飲料、果汁等新的產品類別，但可口可樂的高層管理者們透過市場調查發現，可口可樂作為一種經典的碳酸飲料，已經在全球消費者心中建立了獨特的品牌形象，擁有龐大的消費族群。與其分散資源去追逐新興市場的短期利益，不如將有限的資源集中起來，進一步鞏固和拓展可口可樂在碳酸飲料領域的市場占有率。這種犧牲短期多元化機會、專注核心業務的策略決策，使得可口可樂在碳酸飲料市場的地位越來越穩固，品牌知名度和好感度不斷提升，為公司帶來了源源不絕的現金流和利潤成長，也為後續的策略布局提供了扎實的基礎。

業務策略側重於各個具體業務層次的規劃，由業務的管理者負責。

不同的業務單位可能面臨著不同的市場需求、競爭態勢和發展機遇。業務管理者要深入分析本業務的特點，清楚其在市場中的定位。

職能策略在可口可樂的營運中也有著關鍵作用。職能策略主要針對業務部門或分公司內部的職能活動，由這些內部職能活動的主管來制定。常見的職能部門包括市場行銷、人力資源、財務、研發等。市場行

銷職能策略在可口可樂的全球市場推廣中扮演著極為重要的角色。比如經研究某一地區消費者的消費習慣和文化特點，發現當地人在餐飲聚會、節日慶典等場合對飲料有龐大的需求量，且實體零售終端如賣場、便利商店、餐廳等是消費者購買飲料的主要場所。基於此，市場行銷團隊制定了一系列針對實體通路的行銷策略。在廣告宣傳方面，可口可樂在各大商圈、交通樞紐以及電影院等場所投放了大量富有創意和吸引力的廣告，如巨型戶外廣告牌、沉浸式廣告體驗區等，吸引消費者的目光。同時，與眾多知名餐廳、賣場推行合作促銷活動，如購買套餐贈送可口可樂、在賣場設置專門的促銷貨架並提供買一送一等優惠，透過這些實體活動，直接接觸消費者，激發購買欲望，有效提升了產品的銷量和市場占有率。

人力資源職能策略為可口可樂的持續發展提供了扎實的人才保障。

可口可樂深知人才是企業創新與發展的核心動力，因此制定了一套完善的人才管理體系。在人才吸引方面，公司憑藉其強大的品牌影響力和良好的企業文化，吸引了全球頂尖的市場行銷人才、研發人才以及管理人才。透過提供具有競爭力的薪酬待遇、廣闊的職涯發展空間和豐富的培訓機會，吸引優秀人才加入。在人才培養上，建立了內部培訓學院和導師制度，為員工提供從專業技能到領導力提升的全方位培訓課程，幫助員工不斷成長和進步。

同時，注重人才的留任，透過建立公平合理的績效考核制度、員工激勵機制以及良好的工作環境和企業文化氛圍，讓員工感受到自身價值的實現和企業的關懷，從而提升員工的忠誠度和歸屬感。這些方法確保了可口可樂在各個業務領域都擁有一支高素養、富有創新精神、穩定的人才團隊，為公司的業務策略實施和長期發展提供有力的人力支持。

運作策略聚焦於生產工廠、地理區域等更基層層面的具體運作，由

生產工廠的管理者、地理區域的管理者以及更基層的主管來掌控。在生產工廠環節，涉及生產流程最佳化、效率提升和品質控制等關鍵任務，例如透過合理規劃生產線布局、採用先進生產技術等手段，確保可口可樂能夠有效率地穩定生產。區域管理者也會結合當地市場特點調配資源，如在不同地區根據消費習慣和競爭態勢調整配送計畫、促銷資源分配等，使運作策略有效地將上層策略在基層實踐，直接關係到產品或服務的品質和交付效率，是整個策略體系不可或缺的基礎環節。

在可口可樂的生產工廠中，運作策略的實施展現得淋漓盡致。以其位於美國亞特蘭大的一家大型生產基地為例，為了提升生產效率，工廠管理者對生產線布局進行了精心的改良。採用了自動化程度極高的生產設備，實現了從原物料調配、灌裝到包裝的全自動化生產流程，大大減少了人工介入，提升了生產速度和產品品質的穩定性。同時，導入了先進的品質檢測技術，如高精度的光譜分析儀、自動化的液位檢測裝置等，對每一瓶可口可樂的成分、容量和包裝完整性進行嚴格檢測，確保產品符合全球統一的高品質標準。在生產過程中，透過即時監測系統對生產資料進行收集和分析，及時發現並解決生產過程中的問題，如設備故障預警、生產效率瓶頸分析等，進一步提升生產營運的精準管理。

從區域管理層面來看，可口可樂在全球不同地區根據當地市場特點制定了差異化的運作策略。在亞洲市場，由於人口密集、消費市場龐大且具有多元的消費習慣，區域管理者加強了區域物流中心的建設，建立了涵蓋廣泛的物流網，確保產品能夠及時、有效率地送達每一個零售終端。同時，針對不同國家和地區的消費偏好，調整產品促銷資源的分配。例如，在印度，由於當地消費者對價格較為敏感，且對大容量包裝產品需求較大，公司在印度市場加強對大瓶裝可口可樂的促銷力道，透過與當地零售商合作進行特價銷售活動，提升產品的市場滲透率。而在

日本，消費者對產品的包裝設計和個人化感受較為注重，區域團隊則推出了一系列限量版包裝的可口可樂產品，並在便利商店等零售通路設置了專門的展示區，吸引消費者購買，從而滿足當地市場的特殊需求，提升產品在當地的市場競爭力。

可口可樂透過這一整套策略體系的有效運作，其核心競爭力得以不斷強化。強大的品牌影響力、獨特的口味以及高效率的生產配送體系相輔相成。在產品線精簡過程中，職能策略與公司策略相互協調，將資源集中投入到可口可樂的品牌建構，技術創新和製程改良在運作策略保障下持續推進，使得可口可樂的風味始終如一且獨特。同時，改良的生產物流體系在運作策略層面不斷完善，為消費者提供優質消費感受，市場占有率得以穩固提升。

企業資源有限，可口可樂深知此理並透過策略決策實現資源最佳化配置。在全球市場選擇上，依據公司策略放棄進入一些經濟較為落後、市場規模較小的地區，將資源集中於經濟發達，擁有巨大潛力的市場，透過職能策略引導的市場推廣、銷售通路拓展以及產品創新等多元的措施，使得市場占有率快速成長，並平衡長期與短期利益，保障永續發展。

在商業環境的風險與不確定性面前，可口可樂的策略決策也盡顯智慧。如面對功能性飲料市場的高風險與不確定性，公司從公司策略高度選擇暫時放棄進入，避免技術研發失敗、市場推廣不力以及品牌形象受損等風險，待時機成熟再做籌謀，有效降低經營風險，提升抗風險能力。

對於其他企業而言，可口可樂的案例猶如一盞明燈。策略，作為指引前行的燈塔，其核心不僅在於展現能力去戰鬥，更在於運用智慧去抉擇放棄與犧牲。真正偉大的策略家總是能夠在關鍵時刻做出果敢的捨

棄，以換取最終的勝利和長遠的發展。策略的犧牲和放棄並非盲目和隨意的，而是基於對形勢的準確判斷和對未來的長遠規劃。它需要決策者具備敏銳的洞察力、堅定的決心和非凡的勇氣。

策略的犧牲和放棄並非一蹴可幾，而是一個持續的過程。隨著環境的變化和目標的調整，企業需要不斷地重新評估和做出選擇。這需要堅定的信念、敏銳的洞察力和果斷的決策能力。在當今競爭激烈的社會中，無論是國家、企業，還是個人，都在尋求發展和突破。然而，在追求目標的路上，人們常迷失在眼前的利益，不願犧牲放棄，害怕失去與錯過，導致精力分散無法聚焦核心。策略精髓啟示我們，唯有勇於捨棄，方能收穫更多。當我們放下瑣碎，聚焦核心目標，才能釋放最大潛力，成就真正的成功。

綜上所述，可口可樂在公司策略、業務策略、職能策略和運作策略等多個層面的成功實踐，充分展現了策略管理對於企業發展的深遠意義。透過明確各層級策略的重點與相互關係，精準掌握市場機遇，果敢地做出犧牲和放棄的決策，企業能夠在複雜多變的商業環境中保持競爭優勢，實現永續發展的長遠目標。這不僅為飲料產業的其他企業提供了寶貴的借鑑經驗，也為跨產業的企業管理者們在策略規劃與執行方面提供了深刻的啟示與思考典範。

第一章　策略的根本—能力為策，智慧為略

第二章
預見力為起點 —— 策略覺醒的關鍵基石

　　預見力，不是簡單的預測，而是如 X 光般穿透表象的犀利洞察。市場趨勢的暗流、技術革新的風暴、消費者心理的微妙變化，都逃不過它的審視。在對手還在混沌中摸索時，有預見力的企業已如獵豹般迅速出擊。它是策略的燈塔，在殘酷競爭中照亮前行之路，使企業在商海驚濤中屹立不搖。

第二章　預見力為起點—策略覺醒的關鍵基石

預見力是使世界美好的第一生產力

預見力，並非是一種超自然的神祕能力，它扎根於對現實的深刻理解與洞察。它是企業策略覺醒的基石，是企業在商海中航行的燈塔。企業在市場的汪洋大海中，如果沒有預見力，就如同沒有舵手的船，只能隨波逐流。它基於對現有資訊全面而深入的剖析，不放過任何一個細節。它既是對歷史經驗智慧的精心提煉，從過往的成功與失敗中汲取力量；更是對人類行為和社會發展規律透澈而清晰的領悟，明白人性的需求與社會發展的必然走向。

企業在市場競爭中，若缺乏預見，只會跟風模仿，難以抵禦風險。有預見的企業能洞察市場變化，創新產品服務，建立風險管理體系，在競爭中立於不敗之地。世界 500 強企業之所以能在激烈的市場競爭中立於不敗之地，一定程度歸功於其卓越的預見力。它們精準掌握市場趨勢，搶先布局新興領域，持續創新產品與服務，進而贏得消費者的認可與市場占有率。

以蘋果公司為例，其對行動網路時代的精準預見，堪稱傳奇。2007 年之前，全球科技領域處於關鍵十字路口。傳統通訊技術與電子產品雖不斷演進，但資訊獲取與交流方式仍有諸多不便。功能性手機雖稱霸市場，卻因螢幕小、功能單一、操作複雜等限制，難以滿足人們對多媒體內容及便捷互動的迫切需求。當時，網路發展如日中天，寬頻普及讓人們在電腦上暢享網頁瀏覽、資訊獲取與社交娛樂。然而，電腦便攜性不足，無法隨時隨地滿足人們的需求。就在此時，人們渴望一種能將網路的便捷性與行動通訊的便攜性完美融合的設備。蘋果公司以敏銳洞察力，精準預見行動網路時代的來臨。

其領導者深知，隨著技術進步，資訊獲取與交流方式必將發生顛覆

性的變化，行動裝置將成為人們生活不可或缺的資訊終端。

蘋果公司的預見並非偶然，而是源於對使用者需求的深度洞察、對技術發展趨勢的準確掌握，以及市場競爭格局的前瞻性判斷。對使用者需求的深刻洞察，為其預見行動網路時代提供了強大的動力。蘋果始終將使用者感受置於首位，透過深入了解使用者需求與核心挑戰推動產品創新。在邁向行動網路時代的過程中，這一洞察作用更為關鍵。

現代生活節奏快，人們對便捷性需求強烈，期望隨時隨地獲取資訊、交流娛樂。傳統功能性手機雖然便攜卻功能受限，難以滿足使用者需求。蘋果敏銳意識到，唯有開發便攜且功能強大的設備，方能契合使用者期望。隨著數位媒體的發展，人們對多媒體內容消費需求攀升，傳統功能性手機在多媒體播放方面力不從心。蘋果預見到未來行動裝置將成為多媒體內容主要消費終端，因而高度重視多媒體功能開發。在消費意識提升的背景下，人們對個性化和時尚的追求越來越強烈，蘋果以簡潔時尚的設計風格和高品質產品形象，精準滿足了使用者需求。

對技術發展趨勢的精準掌握，為蘋果預見行動通訊時代奠定了穩固的技術基礎。蘋果密切關注通訊、電腦和網路技術發展動態，為產品創新注入持續動力。通訊技術發展，尤其是 3G 網路普及和 4G 網路的發展，提升行動通訊速度與頻寬，為行動網路發展奠定了基礎。蘋果深知未來行動裝置需要具備高速網路連線能力，以滿足使用者對多媒體內容和線上服務的需求。

電腦技術的進步，展現在處理器效能提升、儲存容量擴大和作業系統最佳化等方面，這些進步增強了行動裝置的運算能力與功能。蘋果預見到未來行動裝置將擁有與電腦相當的運算能力，可執行複雜應用程式。隨著網路技術的興起，雲端運算、大數據、人工智慧等技術蓬勃發展，這些技術創新了數位服務模式與應用情境。蘋果意識到未來行動裝

第二章　預見力為起點—策略覺醒的關鍵基石

置將成為數位服務的重要入口，需與網路技術緊密結合，為使用者提供智慧便捷的服務。

對市場競爭格局的前瞻性判斷，讓蘋果在預見行動網路時代過程中搶占先機。蘋果清楚意識到，行動網路時代的到來必將引發激烈的市場競爭，唯有提前布局方能脫穎而出。蘋果預見到未來手機市場將圍繞使用者感受和創新展開激烈角逐。隨著網路和科技發展，新興科技企業如 Google、亞馬遜等涉足移動領域，推出移動產品和服務。蘋果深知這些企業將成為未來行動網路市場重要參與者，必須與其競爭與合作。同時，蘋果充分了解自身優勢與不足，憑藉強大品牌影響力、創新能力和使用者忠誠度，透過與電信商及合作夥伴合作，彌補通訊技術和市場通路缺陷，提升在行動網路市場的競爭力。

為迎接行動網路時代，蘋果採取了一系列有效措施。研發創新產品是關鍵舉措，iPhone 的推出堪稱經典。2007 年，iPhone 橫空出世，顛覆人們對手機的認知。它採用全新設計理念，結合觸控式螢幕、強大的作業系統和豐富的應用程式，為使用者帶來全新感受。觸控式螢幕設計打破傳統按鍵操作模式，操作更直觀便捷。高靈敏度觸控式螢幕和多點觸控功能，提供流暢互動經驗。搭載的 iOS 作業系統簡潔易用、安全穩定、功能強大，為使用者提供豐富的應用程式和個性化設定選項。封閉性確保系統安全穩定，保障使用者資料安全和隱私。應用程式商店為使用者提供豐富多樣的應用程式，滿足個性化功能擴展需求，同時為開發者提供創新平臺，推動行動網路應用蓬勃發展。

建立完善生態系統是重要策略。蘋果打造涵蓋硬體、軟體、服務和內容的生態系統，為使用者提供全方位行動網路使用經驗。硬體產品如 iPhone、iPad、Mac 等可無縫連接協力工作，實現跨設備高效率辦公和娛樂。軟體產品包括 iOS 作業系統、iTunes、iCloud 等，提供豐富功能和便捷的服

務。服務和內容方面，AppStore、AppleMusic、Apple TV+ 等為使用者提供豐富的應用程式、音樂、影片等娛樂資源，滿足個性化娛樂需求。

　　進行積極的市場行銷是有力手段。蘋果市場行銷策略以品牌塑造、產品推廣和使用者感受為核心，透過多種管道傳遞品牌價值和產品優勢。高度重視品牌塑造，以簡潔、時尚、創新的品牌形象深受使用者喜愛。透過廣告、公關、活動等強化品牌形象，提升知名度和好感度。積極推廣產品，透過媒體記者會、廣告宣傳、實體店試用等展現產品創新功能和卓越效能，與通訊營運商和合作夥伴合作擴大銷售通路和市場占有率。注重使用者感受，提供優質售前、售中、售後服務，創造良好購物體驗，透過舉辦使用者活動、提供技術支援增強使用者忠誠度和滿意度。

　　蘋果對行動網路時代的精準預見成就斐然。它改變了人們的生活方式，讓人們隨時隨地獲取資訊、交流娛樂，不受時間和空間限制。觸控式螢幕操作方式、豐富多樣的應用程式以及個性化的設定選項，共同為使用者締造了便捷、高效率且個性化的使用感受。例如，人們透過手機社交 App 與親朋好友聯絡、分享生活；透過購物 App 隨時隨地購物；透過音樂、影片 App 欣賞喜愛的內容，豐富休閒時間。

　　蘋果重塑了科技產業格局。其成功激發其他科技企業創新活力，推動科技產業發展進步。其他手機廠商紛紛仿效蘋果，推出觸控式螢幕智慧型手機，市場競爭激烈，推動手機技術進步創新。AppStore 模式為行動網路應用開發推廣帶來全新思維與運作模式，眾多開發者加入應用開發，使之蓬勃發展。蘋果的成功還帶動相關產業發展，如電信商、晶片製造商、軟體開發商等，完善行動網路產業鏈，為科技產業發展提供強大動力。

　　蘋果創造了巨大的商業價值，成為全球最具價值企業之一，市值逾兆美元。其商業成功得益於創新產品和服務、強大品牌影響力和使用者忠誠度。

透過不斷推出創新產品和服務滿足使用者需求,贏得市場占有率。同時,透過品牌形象塑造和市場行銷提升知名度和好感度,增強使用者忠誠度和滿意度。

如何培養預見力呢?如表 2-1 所示:

表 2-1 培養預見力的方法

培養遇見力的方法	具體內容
拓寬視野	閱讀新聞、產業報告和學術研究成果,了解不同領域發展趨勢和創新成果;參加產業會議、研討會和培訓課程,與同行和專家交流分享經驗和見解;關注國際政治、經濟和社會情勢變化,分析對所在產業的影響
重視資料	學會收集、整理和分析資料,挖掘背後價值。利用大數據分析工具和技術,深入分析市場資料、使用者行為自料和產業趨勢資料,找出潛在規律和趨勢,更準確預測市場需求、使用者行為和產業發展方向
以史為鑑	回顧歷史,總結經驗教訓,精準預見未來。分析歷史成功和失敗案例,找出規律及原因;借鑑歷史創新成果和策略決策,結合實際情況進行創新改進,避免重蹈覆轍,及時調整策略應對挑戰
培養創新思維	勇於挑戰傳統,突破常規提出新觀點和新想法。鼓勵創新營造氛圍,激發員工創造力和想像力;嘗試新技術、新商業模式和新管理方法,探索未知領域,以創新引領未來發展
持續學習	保持學習熱情,累積知識,提升綜合素養。學習新知識和技能,拓展知識面和專業領域;提升分析、判斷和決策能力,增強對未來的洞察力和預見力;注重培養領導力和團隊合作能力,帶領團隊實現策略目標

預見力在創造美好世界中扮演關鍵角色。它不僅是企業發展關鍵，也是創造美好世界的重要力量。當今世界面臨諸多挑戰，如氣候變化、資源短缺、環境汙染與貧富差距等。只有具備預見力，才能找到解決問題的方法。

預見力可推動科技創新，為全球性問題提供解決方案。例如，預見到氣候變化嚴重性，科學家研發可再生能源、節能減碳和碳捕捉技術等應對氣候變化；預見到資源短缺問題，企業和研究機構加大對資源回收利用技術、新材料研發和永續發展模式的探索，實現資源的有效利用和循環利用。

預見力能促進經濟發展，創造更多就業機會和財富，提升人民生活水準。企業透過預見市場需求和技術發展趨勢，布局新興領域，推出創新產品和服務，推動經濟成長。政府透過預見未來經濟形勢和社會發展需求，制定科學化的合理政策和策略，引導資源合理配置，促進經濟永續發展。

預見力可推動社會進步，實現人類共同價值。例如，預見到教育重要性，政府和社會各界擴大對教育的投入，提升教育品質，培養創新人才，為社會發展提供智力支持。預見到公平正義價值，社會各界共同努力推動法律制度完善和社會治理創新，實現社會公平正義。預見到人類命運共同體理念，各國加強合作，共同應對全球性挑戰，實現人類共同繁榮發展。

洞察趨勢的慧眼，具備預見未來的能力

在商業的無垠海洋中，企業恰似逐浪之舟。當今時代，競爭如狂濤，變化似閃電。唯有具洞察趨勢之慧眼、預見未來之能力，企業方可在這片驚濤駭浪中穩健前行，成就產業翹楚之位。趨勢，猶如海洋神祕洋流，雖無形卻力可撼海。敏銳洞察趨勢的企業，如善借洋流的航海家，事半功倍駛向成功之岸。預見未來，則是在洞察趨勢之上更進一步，提前布局，搶占先機，為企業發展拓出康莊大道，打開輝煌未來之門。

那麼，企業如何才能培養洞察趨勢的慧眼呢？（詳見圖2-1）

深入市場調查是關鍵的第一步。市場如同趨勢的風向標，只有深入了解市場，企業才能捕捉到趨勢的蛛絲馬跡。可口可樂便是一個很好的例子。他們一直非常重視市場調查，透過對全球不同地區消費者口味偏好、消費習慣的深入研究，不斷推出適合當地市場的產品。同時，可口可樂也密切關注競爭對手的動態，及時調整自己的市場策略，始終在飲料市場中保持領先地位。企業應投入足夠的資源進行市場調查，採用問卷調查、訪談、資料分析等多種手段，獲取全面、準確的市場資訊。只有這樣，企業才能在紛繁複雜的市場中找到趨勢的脈絡，為自己的發展指明方向。

洞察趨勢的慧眼，具備預見未來的能力

市場調查	投入足夠的資源進行市場調查，採用問卷調查、訪談、資料分析等多種方式，獲取全面且準確的市場資訊。	洞悉趨勢的慧眼 → 提升預見未來的能力	具備長遠的眼光和全面的視野，能夠從整體和細部兩個層面分析問題，掌握產業發展的大趨勢和企業自身的發展方向。	培養策略思維
關注科技	可以透過參加科技展會、關注科技媒體、與科研機構合作等方式，了解先進技術，評估其對產業的潛在影響。		可以透過設立專門的市場研究部門，聘請外部專家顧問以及利用大數據分析等方式，提升趨勢監測的準確性和及時性。	建立趨勢檢測機制
分析整體環境	分析整體環境的變化，如經濟情勢、政策法規和社會文化等，會對企業的發展產生重大影響。		企業應勇於嘗試新的業務模式、技術應用和市場策略，透過實踐不斷驗證和調整自己的預見。	勇於嘗試創新

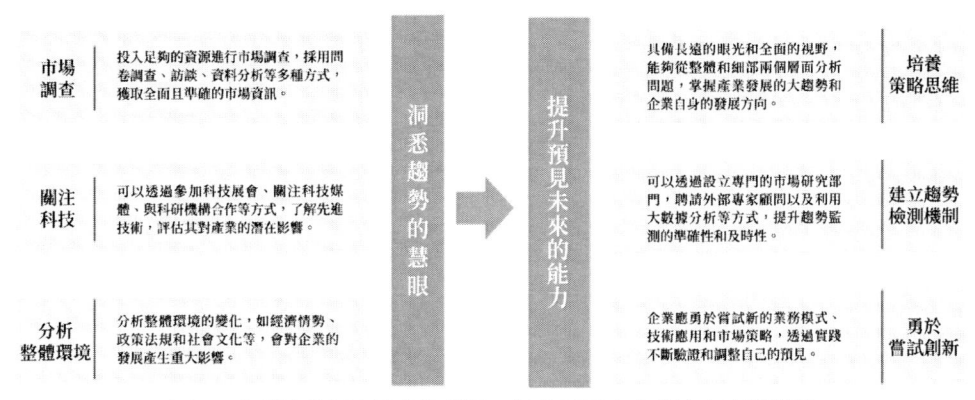

圖 2-1 企業培養洞察趨勢的慧眼、提升預見未來的能力的策略圖

關注科技發展是培養洞察趨勢慧眼的重要途徑。科技的進步是推動趨勢變化的重要力量，企業應密切關注科技領域的最新動態，尤其是與自身產業相關的技術創新。特斯拉就是科技驅動趨勢洞察的典範。他們緊緊抓住電動車和自動駕駛技術的發展趨勢，投入大量資源進行研發。如今，特斯拉不僅成為全球電動車的領導者，還在推動整個汽車產業向電動化、智慧化方向轉型。企業可以透過參加科技展會、關注科技媒體、與研究機構合作等方式，了解先進技術，評估其對產業的潛在影響。在科技日新月異的今天，只有緊跟科技發展的步伐，企業才能在趨勢的浪潮中站穩腳跟。

分析整體環境也是不可或缺的一環。整體環境的變化，如經濟情勢、政策法規及社會文化等，會對企業的發展產生重大影響。以新能源汽車產業為例。近年來，隨著環保政策的不斷加強和各國政府對新能源汽車的大力支持，新能源汽車市場迎來了爆發式成長。有新能源車企業敏銳地洞察到了這一趨勢，提前布局新能源汽車領域，如今已成為全球知名的新能源汽車製造商。企業應關注整體環境的變化，分析其對產業的潛在影響，提前做好應對準備。只有這樣，企業才能在變化中找到機遇，實現永續發展。

第二章 預見力為起點—策略覺醒的關鍵基石

而要提升預見未來的能力，企業需要從多個方面入手。

培養策略思維是預見未來的關鍵。企業領導者應具備長遠的眼光和全局的視野，掌握產業發展的大趨勢和企業自身的發展方向。企業領導者要勇於突破傳統思考模式，敢創新並提出具有前瞻性的策略構想。只有這樣，企業才能在未來的競爭中立於不敗之地。

建立市場趨勢追蹤機制也是必不可少的。企業應建立專門的趨勢追蹤機制，定期收集、分析各種資訊，及時發現趨勢的變化。Google 利用其強大的技術實力和龐大的資料量，建立了全球領先的趨勢追蹤系統。透過對搜尋資料、使用者行為等資訊的分析，能夠準確地掌握全球熱門話題和趨勢變化，為其產品研發和市場推廣提供強力支援。企業可以透過設立專門的市場研究部門、聘請外部專家顧問、利用大數據分析等方式，提升趨勢追蹤的準確性和及時性。只有這樣，企業才能在第一時間做出反應，搶占市場先機。

勇於嘗試與創新是預見未來的重要行動能力。預見未來不僅僅是一種思考能力，更是一種行動能力。企業應勇於嘗試新的業務模式、技術應用和市場策略，透過實踐不斷驗證和調整自己的預見。

有一家知名網路科技公司在發展過程中不斷嘗試新的業務領域，從即時通訊到社群網路、遊戲、金融科技等。它的成功，源於其敢創新的精神和對未來趨勢的準確掌握。企業要鼓勵創新，營造良好的創新氛圍，激發員工的創造力和創新精神。只有這樣，企業才能在市場中保持活力，實現永續發展。

某全球通訊技術領域的佼佼者，憑藉卓越的策略眼光、強大的研發實力以及獨特的企業文化，成功地洞察趨勢並引領智慧時代的前行。它的成功絕非偶然，其根源在於對通訊技術發展趨勢的高度敏銳感知、對市場需求的深度理解以及對創新的持續追求。

首先，該企業在通訊技術發展趨勢的洞察上，展現出了非凡的前瞻性。

早在 3G 時代，該企業就深刻意識到通訊技術變革所蘊含的巨大市場機遇，毅然決然地投入大量資源進行技術研發，從而為 4G 時代的到來奠定了扎實基礎。

當 4G 技術剛剛開始商用之際，該企業又極具前瞻性地布局 5G 技術，最終成為全球 5G 技術的引領者。對通訊技術發展趨勢的敏銳洞察，使其在每一次技術變革浪潮中都能搶占先機，牢牢掌握市場競爭的主動權。例如，該企業在 5G 技術的研發歷程中，投入了鉅額資金和眾多人力，推出了一系列 5G 產品和解決方案。它的 5G 技術以其高速率、低延遲、大容量等顯著優勢，為智慧交通、智慧製造、智慧醫療等諸多領域的發展提供了強大支撐。同時，隨著 5G、人工智慧、物聯網等技術的蓬勃發展，智慧時代加速到來。該企業也敏銳地預見到了這一趨勢，提出了萬物互聯的宏偉願景。為實現這一願景，該企業在 5G、人工智慧、雲端運算、物聯網等領域進行了全面布局，推出了一系列創新的產品和解決方案。其智慧時代布局涵蓋多個領域，在智慧交通領域，5G 技術為自動駕駛、智慧交通管理等提供了高速穩定的通訊支援；在智慧製造領域，工業網路解決方案助力企業實現智慧化生產和管理；在智慧醫療領域，遠端醫療解決方案為患者帶來了更加便捷有效率的醫療服務。這些布局，為智慧時代的到來建立了堅實的根基。

其次，該企業的對市場需求有著深入的理解。他們深入探究客戶的需求和主要困擾，為客戶提供訂製化的產品和解決方案。透過與全球各地的營運商、企業客戶緊密合作，並且不斷收集回饋資訊，持續改良產品和服務，以滿足客戶不斷變化的需求。

例如，在智慧型手機市場，根據消費者對拍照、續航、效能等方面

的需求，不斷推出具有創新功能的手機產品。並且深入了解不同國家和地區的市場需求，推出適合當地市場的產品和解決方案。在全球設立多個研發中心和辦事處，與當地合作夥伴共同開發產品，滿足當地市場的特殊需求。比如，在電力供應不穩定的非洲市場，推出了具有長續航能力和太陽能充電功能的產品；在消費者對價格敏感的印度市場，推出了高 CP 值的產品。這樣的全球化策略使其能夠充分滿足不同市場的需求，進而擴大市場占有率。

再者，該企業擁有強大的研發實力。一方面，它每年將大量的銷售收入投入到研發中，擁有眾多專利技術和優秀的研發人才，為其技術創新和產品升級提供了強大的資金支持。例如，在 5G 技術的研發上的大量投入，讓他們不僅在 5G 通訊技術方面取得了重大突破，還在大量探索開發相關應用情境。另一方面，該企業培養了一支高素養的研發人才團隊，他們來自全球各地，具備豐富的專業知識和創新能力。並為研發人才提供了良好的工作環境和發展空間，吸引了大量優秀人才加入。

最後，企業文化也是其成功的關鍵因素。該企業鼓勵員工不斷創新、勇敢挑戰自我。為員工提供了廣闊的發展空間和豐厚的回報，激勵員工為公司的發展努力奮鬥。例如，實行員工持股制度，讓員工分享公司的發展成果。還設立了各種獎勵機制，對在技術創新、市場開拓等方面做出突出貢獻的員工進行表揚和獎勵。這樣的價值觀，激發了員工的工作熱情和創造力。其二，營造一種開放、創新的文化氛圍，鼓勵員工提出創新性的想法和建議，並給予充分的資源去實現這些想法。他們與全球各地的研究機構、大學等合作，共同推動技術創新和研發活動。例如，設立實驗室，專門從事尖端技術的研究和開發。還與大學合作，共同培養人才和進行研究專案。

這樣的成功經驗為其他企業提供了寶貴的經驗和啟示。在當今快速變化的市場環境中，企業要想實現永續發展，就必須具備洞察趨勢的能力、以客戶為中心的理念、強大的研發實力和獨特的企業文化。只有這樣，企業才能在激烈的市場競爭中立於不敗之地，引領智慧時代的發展。

在當今快速變化的商業世界中，企業要想實現策略覺醒，就必須具備洞察趨勢的慧眼和預見未來的能力。透過深入市場調查、關注科技發展、分析整體環境等方式，培養洞察趨勢的慧眼；透過培養策略思維、建立趨勢追蹤機制、勇敢嘗試與創新等方式，提升預見未來的能力。同時，企業還應借鑑成功企業的經驗，不斷學習和實踐，逐步提升自己的策略覺醒程度。

優秀的企業家都在用未來的眼光看現在

　　在當今商業世界，瞬息萬變，未來充滿無盡的不確定性。但真正卓越的企業家，卻能似穿透迷霧的燈塔，精準捕捉未來的趨勢與機遇。他們絕不滿足於眼前的成就，而是毅然將目光投向遠方，精心勾勒企業的長遠未來藍圖。他們以果敢的決斷和前瞻性的思維，引領企業在洶湧的商業浪潮中穩步前行，成為產業的龍頭，書寫商業傳奇的壯麗篇章。

　　某間具有代表性的中小企業，就以其高瞻遠矚的未來眼光，在永續發展與數位化轉型的航道上穩健前行，為產業樹立起一座令人敬仰的豐碑。當環保意識如洶湧浪潮般在全世界不斷高漲時，該企業以其敏銳的洞察力，早早地察覺到永續發展必將成為未來商業的核心航向。於是，他們毫不猶豫地擴大對環保產品的研發投入，展開了一場引領消費新潮流的綠色革命。

　　在產品包裝的創新之路上，該企業推出了一系列令人矚目的永續包裝產品。可回收包裝的蠟燭和香薰產品，宛如一封封向消費者發出的綠色邀請函。這些產品的包裝設計獨具匠心，不僅充分考慮了環保因素，更是將消費者的使用感受提升到了一個新的高度。採用易於回收的材料，既減少了包裝的重量和體積，讓消費者攜帶和處理更加方便，又為地球的永續發展貢獻了一份力量。同時，包裝上醒目的環保標誌和宣傳語，如同一聲聲嘹亮的號角，激勵著消費者積極投身於環保行動之中。

　　然而，它的創新步伐並未止步於此。在產品成分的研發上，他們同樣全力以赴，致力於研發更加環保、天然的產品成分。在蠟燭產品中，他們成功減少了對環境的汙染，為保護地球的生態環境立下了汗馬功勞。而在香薰領域，大量天然植物成分的運用，不僅降低了對人體的刺激，更讓消費者感受到了大自然的呵護。這些環保產品的橫空出世，猶

如一顆顆綠色的種子，在消費者心中生根發芽，不僅滿足了人們對環保的迫切需求，也為他們贏得了如潮的好評和良好的聲譽。

這間企業在環保產品研發投入上的巨大成功，源自於他們對未來趨勢的精準洞察以及對消費者需求的深刻理解。他們深知，隨著環保意識的持續升溫，消費者對環保產品的渴望將會如同燎原之火，越燒越旺。因此，他們果敢地提前布局，擴大研發投入，為未來的激烈市場競爭築牢了堅實的根基。

永續供應鏈的建設，更是該企業永續發展策略中一顆璀璨的明珠。他們深刻意識到，只有確保原物料的永續採購和生產過程的環保，才能真正實現企業的永續發展，踏上綠色發展的康莊大道。

在原物料採購方面，與供應商緊密攜手。與石蠟供應商的合作，便是一個生動的範例。他們為供應商提供全方位的技術支援和專業培訓，助力供應商提升石蠟的品質和永續性，同時大幅減少對環境的不良影響。透過這種深度合作，不僅確保了原物料的高品質和永續性，更為整個供應鏈帶來了可觀的經濟收益。

在生產過程中，該企業始終堅持貫徹環保理念。他們積極採用一系列先進的環保措施，不斷改良製程，大力減少能源消耗和廢棄物排放，為地球的藍天碧水貢獻自己的力量。同時，他們還高度重視水資源管理，透過創新技術提升水資源的利用效率，讓每一滴水都發揮出最大的價值。此外，精細的供應鏈管理可讓物流過程中的碳排放有效減少，大幅提升供應鏈的效率與永續性。

該企業不僅在商業領域大展拳腳，更是積極投身社會公益活動，努力將永續發展的理念如春風般吹遍全球每一個角落。他們與非政府組織緊密攜手，共同舉行了一系列豐富多彩的環保教育等活動，為社會作出了卓越的貢獻。

在環保教育方面,與學校、社區等展開深度合作,舉辦了多次環保講座及環保活動。他們如同辛勤的園丁,向大眾耐心地普及環保知識,不斷提升大眾的環保意識。

他們社會公益活動,充分彰顯了企業的強烈社會責任感。這些行動不僅對社會有所貢獻,更為企業的永續發展贏得了廣泛的支持和高度的信任。他們的成功經驗告訴我們,企業在追求經濟效益的同時,絕不能忽視社會效益和環境效益。只有積極參與社會公益活動,為社會貢獻自己的力量,企業才能在未來的發展道路上走得更加穩健、更加長遠。

在數位化浪潮以排山倒海之勢席捲全球的時代,該企業以其敏銳的洞察力深刻意識到數位化轉型對於企業未來發展的重要性。他們果斷投入大量資源,全力打造數位化行銷平臺,成功實現了行銷模式的創新與升級。

透過強大的大資料分析,精準定位目標客群,如同一位技藝高超的神射手,瞄準了消費者的需求靶心。他們根據不同使用者的興趣愛好和消費習慣,精心推送個性化的廣告內容,大幅提升了廣告的點擊率和轉換率。同時,還透過與消費者進行即時互動,如同與朋友傾心交談一般,深入了解他們的需求和回饋,以便及時調整產品和行銷策略,始終保持與消費者的緊密連結。

在生產和供應鏈管理方面,該企業同樣積極導入數位化技術,展現出了與時俱進的創新精神。透過物聯網技術,實現了對生產過程的即時監控和改良,如同為生產過程安裝了一雙敏銳的眼睛,確保了生產效率和產品品質的提升。在供應鏈管理中,利用人工智慧和大數據分析,他們猶如擁有了一位智慧的導航員,改良物流配送路線,降低成本,提升供應鏈的響應速度和靈活性。

這樣的數位化轉型,為企業未來發展注入了強大的動力,如同為一艘

巨輪安裝了一臺強勁的引擎。他們的成功經驗清晰地表明，數位化轉型是企業適應時代發展的必然選擇。只有積極擁抱數位化技術，不斷創新和升級行銷模式和管理方式，企業才能在激烈的市場競爭中立於不敗之地。

成功絕非偶然的幸運降臨，而是一系列正確決策和努力的必然結果。首先，他們對未來趨勢的精準洞察猶如一盞明燈，照亮了前行的道路。在環保意識日益深入人心的時代，早早地意識到永續發展的重要性，果斷地將其作為企業的核心策略，為未來發展奠定了堅實的基礎。其次，他們勇於創新和變革的精神如同熊熊燃燒的烈火，不斷推動著企業向前發展。不斷推出新的環保產品和解決方案，積極探索永續發展的新模式、新途徑。可回收包裝產品，不僅為環境減輕了負擔，更為消費者提供了便捷環保的選擇。永續供應鏈的建立，也為其他企業樹立了可借鑑的典範。在數位化轉型方面，積極導入新技術，打造數位化行銷平臺和改良生產供應鏈管理，為企業未來發展注入了新的動力。

最後，他們積極履行社會責任的態度如同堅實的基石，支撐著企業的長遠發展。他們深知，企業不僅要追求經濟效益，更要關注社會效益和環境效益。透過參與社會公益活動，他們既為社會做出了貢獻，又提升了企業的社會聲譽和品牌形象，為未來發展贏得了更多的支持與信任。

那麼，如何培養未來眼光呢？其一，學習和研究極為重要。優秀的企業家應如同孜孜不倦的學者，不斷學習和研究，了解未來的趨勢和機遇。閱讀有關未來趨勢、科技創新、永續發展等方面的書籍和文章，參加產業研討會、學術會議等活動，與專家學者和產業菁英交流，汲取最新的資訊和見解，提升自己的知識素養和思考能力。其二，勇於創新和實踐。企業應鼓勵員工提出創新想法和建議，建立創新激勵機制，推動企業的內部創新。與其他企業、研究機構、大學等合作，共同推動創新

專案，實現優勢互補，推動企業的合作創新。其三，制定科學化的策略規劃並堅決執行。透過全面的市場調查、競爭分析、SWOT 分析等方式，釐清企業的發展方向和目標。同時，建立有效的運作機制，透過目標管理、績效考核、激勵機制等方式，提升員工的執行力和工作效率。

在這個瞬息萬變的商業世界中，只有以未來的眼光看現在，企業才能在激烈的市場競爭中立於不敗之地，實現永續發展。因為，未來不是等待我們去迎接的，而是需要我們用未來眼光去創造的。當我們擁有了未來眼光，便能在商業的海洋中乘風破浪，駛向成功的彼岸。

未來情境的建構：多元度可能性

在瞬息萬變的時代，有能力建構未來情境、洞察多元可能的企業，方可在激烈角逐中嶄露頭角，成為引領產業的耀眼之星。策略覺醒的基石，便是對未來情境的前瞻性建構，它如同一座明亮燈塔，為企業在未知的海洋中照亮前行之路。

當我們審視商業的戰場，便會深刻領悟到時間的珍貴如金，先機的重要似寶。那些能夠成功建構未來情境的企業，宛如手握一把開啟寶藏的神奇鑰匙，能夠提前洞察市場的走向以及消費者的需求，從而在競爭對手尚未反應之際搶先布局，穩穩占據市場的制高點。某家專注於電器產業的企業對此有著深刻的認知，在其發展歷程中，始終堅定不移地將未來情境建構視為策略核心。（詳見表 2-2）

表 2-2 某電器商建構未來情境的措施及範例

措施	具體做法	範例
洞察市場趨勢	多重管道獲取資訊，進行市場調查和資料分析，與專家等交流，捕捉健康生活需求趨勢	推出健康電鍋、淨化水壺
掌握技術創新脈搏	持續投入研發，跟緊技術發展融入產品服務	利用 AI 開發智慧家電控制系統等
培養創新思維團隊	建立創新文化，舉辦活動激發熱情，安排培訓提升能力，與大學等合作	與大學合作研究專案，培養人才
研究趨勢與變化	關注多方資訊，與專家等交流，提前布局相關領域	預見 5G 與家電融合，擴大 5G 家電研發投入

措施	具體做法	範例
想像未來情境	透過多種方式建構不同未來情境	想像廚房、客廳智慧化情境
評估與選擇情境	分析情境的各個層面，考慮對企業貢獻等	評估廚房情境，決定研發投入與合作推廣
實施與調整情境	制定計畫實施，監測評估並調整改良	調整自動化烹調研發方向
制定前瞻性策略規劃	基於多面向分析，採用多種方法，分解規劃	制定五年規劃，釐清各層面目標計畫
加強技術研發投入	建立合作，導入資源，應用新技術	擴大 AI 等領域研發投入，設計語音助理
建立創新合作生態	與多方建立緊密合作關係，展開創新專案	與供應商、客戶、合作夥伴展開不同合作專案

在建構未來情境的征程中，深入洞察市場趨勢無疑是堅實的基礎。該電器商透過多種管道獲取市場資訊，準確掌握消費者需求的變化、產業發展的動態以及技術創新的方向。一方面，積極進行市場調查和資料分析，密切關注社會焦點和科技發展動態，從中敏銳地尋找未來市場的寶貴機會。另一方面，與專家、學者、產業領袖等進行深入交流，汲取他們的見解和建議，為企業的決策提供重要參考。比如，隨著人們對健康生活的需求不斷增加，該電器商準確地捕捉到了這一趨勢，果斷擴大相關的研發投入，推出功能性的健康家電產品。

掌握技術創新脈搏，則是推動未來情境建構的關鍵力量。他們深知技術創新的重要性，持續投入大量資源進行研發和創新。緊跟技術發展的步伐，將先進的技術巧妙融入到產品和服務中，創造出更具競爭力的未來情境。人工智慧、大數據、物聯網等新興技術的蓬勃發展，提供了廣闊無垠的創新空間。他們利用人工智慧技術開發智慧家電控制系統，

顯著提升了產品的智慧化程度和使用者感受；利用大數據分析技術深入了解消費者需求，改良產品設計和行銷策略；利用物聯網技術實現家電設備的互聯互通，為消費者打造更加智慧化的生活情境。例如智慧家電產品與手機 APP 的互聯互通，使用者可以透過手機遠端控制家電設備，讓生活方式更加智慧化。

培養創新思維的團隊，更是建構未來情境的重要保障。該電器商高度重視創新思維團隊的培養，著力建立開放、包容的創新文化，為員工提供良好的創新環境和條件。透過舉辦創新大賽、設立創新獎勵等方式，充分激發員工的創新熱情，鼓勵員工突破傳統思維，大膽提出新的想法和創意。

同時，還舉辦培訓、學習交流等活動，有效提升員工的創新能力。

此外，企業與大學、研究機構等合作，導入外部創新資源，共同建構未來情境。例如，與一些知名大學合作推動研究專案，培養了一批具有創新能力的人才，為企業的未來發展儲備了強大的智力資源。

在研究趨勢與變化方面，他們密切關注市場趨勢、技術發展和社會變化，透過收集和分析產業報告、市場資訊跟數據、科技新聞等資料，敏銳地了解未來可能出現的機會和挑戰。並且積極與專家、學者、產業領袖等進行交流，獲取他們的見解和建議，為建構未來情境提供有力依據。比如，隨著 5G 技術的發展，他們預見未來的家電產品將更加注重與 5G 網路的融合，為使用者提供更加快速、穩定的網路連線。便提前布局 5G 技術領域，加強對 5G 家電產品的研發投入，為未來的市場競爭做充分準備。這樣敏銳的洞察力和快速的反應能力，能夠及時捕捉到市場的細微變化和技術的最新動態，並迅速調整企業的策略和產品方向。

在想像未來情境方面，當目標和願景足夠清晰，並深入研究了趨勢與變化之後，他們大膽地開始想像未來的情境。透過腦力激盪、情景規

劃、故事講述等方式，建構出多個不同的未來情境。例如，想像未來的廚房情境，使用者可以透過智慧家電設備實現自動化烹飪，享受更加便捷、高效率的烹飪過程；他們還想像未來的客廳情境，使用者可以透過智慧家電設備實現智慧化的娛樂和休閒，享受更加舒適、愜意的生活方式。這些未來情境不僅為產品研發提供了靈感，也為企業的未來發展指明了方向。該電器商不局限於現有的技術和模式，大膽地想像未來的可能性，為企業的發展開闢新的道路。

在評估與選擇情境方面，建構出多個未來情境後，他們對這些情境進行了深入的評估和選擇。透過分析每個情境的可行性、吸引力、風險等方面，考慮每個情境對企業的目標和願景的貢獻程度，以及實現每個情境所需的資源和能力。最終，確定了最具潛力的未來情境，並制定了相應的策略和計畫。該家電企業擁有科學的評估和決策機制，能夠對不同的未來情境進行客觀、全面的評估，選擇最符合企業發展策略和市場需求的情境，並制定切實可行的計畫。

在實施與調整情境方面，確定了最具潛力的未來情境後，他們開始實施相應的策略和計畫。透過制定具體的行動計畫、分配資源、組建團隊等方式，將未來情境化為現實。同時，該企業還不斷地監測和評估實施過程中的情況，根據實際情況進行調整和改良，確保企業始終朝著正確的方向發展。

制定前瞻性策略規劃方面，他們深知策略規劃的重要性，制定了前瞻性的策略規劃，明確了未來的發展方向和目標。策略規劃基於對市場趨勢和技術創新的準確掌握，以及對企業自身優勢和劣勢的深入分析。在制定策略規劃時，採用情景規劃、趨勢分析等方法，預測未來的市場變化和競爭態勢，制定相應的應對策略。同時，將策略規劃分解為具體的行動計畫和目標，確立責任人和時間點，確保策略規劃的順利實施。

例如，在制定未來五年的策略規劃時，他們將重點放在了產品創新及提升使用者感受、市場拓展等方面，確定每個方面的具體目標和行動計畫，為企業的未來發展提供了清晰的路線圖。

加強技術研發投入方面，技術創新是建構未來情境的關鍵，該企業不斷加強技術研發投入，提升自身的技術創新能力。透過建立研發中心、與大學、研究機構合作等方式，導入外部創新資源，共同推行技術研發專案。同時還密切關注新興技術的發展趨勢，及時將先進的技術應用到產品和服務中，創造出更具競爭力的未來情境。例如，他們加強在人工智慧、大數據、物聯網等領域的研發投入，探索新的應用情境和商業模式。目前有一些智慧家電產品已經與人工智慧語音助手成功整合，使用者可以透過語音指令完成各種操作，提升了使用的便捷性和效率。

建立創新合作生態方面，建構未來情境需要企業與各方合作，建立創新合作生態。他們積極與供應商、客戶、合作夥伴等建立緊密的合作關係，共同開發創新專案，實現資源共享、優勢互補。例如與供應商合作，共同研發新材料、新技術，提升產品的品質和效能；與客戶合作，了解他們的需求和回饋，改良產品設計和服務；與合作夥伴共同開拓市場，擴大企業的影響力和競爭力。透過建立創新合作生態，不僅為自己的未來發展創造了良好的外部環境，也為整個產業的發展做出了貢獻。

在當今快速變化的商業世界中，企業要想實現永續發展，就必須具備策略覺醒的能力，精心建構未來情境，洞察多元度可能性。

透過深入洞察市場趨勢、掌握技術創新脈搏、培養創新思維團隊，為未來的發展奠定了堅實的基礎。在具體實踐中，透過確立目標與願景、研究趨勢與變化、想像未來情境、評估與選擇情境、實施與調整情境等步驟，以及制定前瞻性策略規劃、加強技術研發投入、建立創新合作生態等方法，將未來情境的建構付諸實踐，實現了企業的持續發展。

未來的商業世界充滿了不確定性和挑戰，不能掉以輕心。隨著科技的不斷進步和市場的不斷變化，需要繼續保持敏銳的洞察力和前瞻性的思維，不斷調整和改良自己的未來情境建構策略。同時，還需要加強與各方的合作，共同探索新的商業機會和發展模式，為企業的未來發展創造更加美好的明天。

打破既定思維，培養預見的思考習慣

既定思維是指人們在長期的生活、學習和工作中形成的一種固定的思考模式和習慣。它使人們傾向於以特定的方式看待問題、解決問題，而往往忽略了其他可能的視角和方法。在洶湧的商業浪潮裡，既定思維就如同一張無形卻又堅韌的網，緊緊束縛著企業的創新活力，使其難以掙脫傳統的枷鎖，在既定的軌道上徘徊不前。當企業打破既定思維時，便能以獨特的視角審視市場和競爭對手，如同一位獨具慧眼的探險家，發現新的機會和優勢，從而制定出與眾不同的策略和策略，在競爭中搶占先機。

預見的思考習慣是指人們在面對各種情況時，能夠主動地去思考未來可能發生的事情，並提前做好準備。它包括對趨勢的敏銳感知、對風險的預判，以及對機會的掌握。

打破既定思維可以為培養預見的思考習慣提供動力和空間，而培養預見的思考習慣又可以促使人們不斷地打破既定思維。兩者結合起來，可以幫助個人和組織更好地應對複雜多變的環境，抓住機遇，規避風險，提升競爭力。預見思考習慣，似一盞明亮的燈塔，在黑暗的商業海洋中為企業指引前行的方向，讓其提前洞察市場的趨勢變化，為創新注入強大的動力。培養預見思考習慣，能讓企業提前布局未來的市場和技術，占據優勢地位，如同一位高瞻遠矚的策略家。例如，一家具有創新精神和預見能力的企業，會不斷地打破傳統的商業模式和管理理念，提前布局未來的市場，從而在激烈的競爭中脫穎而出。

那麼，如何打破既定思維、培養預見思考習慣呢？

第一步，勇敢質疑傳統。企業應鼓勵員工對現有業務模式、產品和服務進行批判性思考，勇於提出問題和挑戰。3M設立「創新基金」，鼓

勵員工質疑傳統、提出創新專案，從而在多個領域保持領先地位，為我們樹立了榜樣。可口可樂也高度重視培養員工的質疑精神，透過組織內部討論、舉辦創新研討會等方式，激發員工的創新思維，為公司的發展注入了源源不斷的活力。就如同在一片平靜的湖水中投入一粒石子，激起層層漣漪，讓創新的思想在公司內部蕩漾開來。

第二步，跨界學習借鑑，可以為打破既定思維開闢新的途徑。企業應關注其他產業的發展動態和創新成果，如同一位勤奮的蜜蜂，在不同的花叢中汲取靈感和經驗。蘋果在設計產品時，不僅借鑑傳統工業設計理念，還從時尚、藝術等領域汲取靈感，打造出簡潔時尚、使用者感受卓越的產品，成為全球消費者追捧的對象。可口可樂也積極跨界學習，將其他產業的創新元素融入到自身的產品和行銷中。例如，在包裝設計上借鑑流行文化元素，推出歌詞瓶身印刷等創意包裝，取得了巨大的成功。這就像是一場奇妙的化學反應，不同元素的碰撞產生出令人驚喜的創新火花。

第三步，培養好奇心，是打破既定思維的重要驅動力。企業可以透過提供學習機會、舉辦探險活動等方式激發員工的好奇心，同時建立鼓勵創新的文化氛圍，讓員工勇敢嘗試新事物，不怕失敗。Google 為員工提供 20% 的自由時間，鼓勵他們探索自己感興趣的項目，這種培養好奇心的文化使得 Google 不斷推出創新產品和服務，成為全球數位科技產業的龍頭企業。可口可樂也注重培養員工的好奇心，鼓勵他們在工作中勇於探索新的可能性，為公司的創新發展提供強大的動力。好奇心就像一把神奇的鑰匙，能打開一扇扇通往未知領域的大門，讓企業發現更多的創新機遇。

第四步，建立未來導向的思考模式，是培養預見思考習慣的核心。企業應引導員工關注未來的趨勢和變化，思考未來的可能性，如同一位

站在山頂眺望遠方的智者，提前規劃未來的道路。亞馬遜以其對未來的預見而聞名，創始人傑夫・貝佐斯（Jeffrey Bezos）始終關注未來趨勢變化，提前布局雲端運算、電子書等領域，為公司的持續發展奠定了堅實的基礎。可口可樂也透過舉辦未來趨勢研討會、公司情景規劃等方式，培養員工的未來導向思維，將對未來的預見融入到公司的策略決策中，確保公司始終走在產業的前列。未來導向的思考模式就像一座明亮的燈塔，為企業在茫茫的商業海洋中指引前進的方向。

可口可樂在過去一百多年的發展歷程中，始終保持著強大的競爭力，這背後離不開對既定思維的打破和預見思考習慣的培養。在打破傳統行銷模式方面，可口可樂大膽地將目光投向社群媒體和數位化行銷領域。在傳統飲料市場，廣告宣傳和促銷活動曾是企業推廣產品的主要方式，但可口可樂敏銳地意識到這種方式在當今時代的局限性。他們積極利用社群媒體平臺，與消費者進行互動和溝通，就像與朋友聊天一樣，傾聽消費者的聲音，了解他們的需求和喜好。透過舉辦線上活動、釋出有趣的內容，可口可樂成功吸引了大量年輕消費者，提升了品牌的知名度和好感度。例如，「Share a Coke」活動將消費者的名字印在可樂瓶上，鼓勵消費者分享自己的故事，在社群媒體上引起了廣大迴響。這一創新舉措不僅提升了可口可樂的銷量，更增強了消費者對品牌的認同感，讓消費者與品牌之間建立起了更加緊密的連結。

在預見健康消費趨勢方面，可口可樂展現出了敏銳的洞察力。隨著人們健康意識抬頭，消費者對飲料的需求也在發生著深刻的變化。可口可樂準確預見了這一趨勢，早早開始加強對低糖、無糖飲料的研發和推廣力度。他們推出的零卡可樂、纖維＋可樂等產品，就像為消費者量身打造的健康禮物，滿足了消費者對健康飲料的需求。在一些已開發國家，可口可樂的低糖、無糖飲料產品已經占據了一定的市場占有率，為

第二章　預見力為起點──策略覺醒的關鍵基石

公司的持續發展奠定了堅實的基礎。這就像是一場未雨綢繆的策略布局，讓可口可樂在未來的市場競爭中占據有利地位。

在創新包裝設計方面，可口可樂更是打破傳統既定思維，推出了各種創意十足的包裝設計。歌詞瓶、暱稱瓶、城市罐等包裝設計不僅吸引了消費者的眼球，還成為了可口可樂品牌傳播的重要載體。歌詞瓶將流行歌曲的歌詞印在可樂瓶上，引起了消費者的強烈共鳴。這一創新設計不僅提升了可口可樂的銷量，也為品牌帶來了更多的話題和關注度。就像一位時尚的設計師，可口可樂不斷為自己的產品換上新穎的外衣，讓消費者在享受美味飲料的同時，也能感受到時尚與創意的魅力。

建立創新文化，是企業打破既定思維、培養預見思維的重要保障。企業應營造鼓勵創新、包容失敗的文化氛圍，就像一片肥沃的土壤，讓創新的種子能夠茁壯成長。透過設立創新獎勵制度、舉辦創新大賽等方式，激發員工的創新熱情，讓員工感受到創新的價值和意義。Google 以其自由、開放的創新文化而聞名，為員工提供了良好的創新環境。可口可樂也注重建立創新文化，鼓勵員工勇敢打破傳統，提出新的想法和創意，為公司的發展注入強大的動力。創新文化就像一股無形的力量，推動著企業不斷向前發展。

加強市場調查，是企業打破既定思維、培養預見思維的重要依據。企業應深入了解消費者的需求和市場的變化趨勢，就像一位細心的偵探，不放過任何一個線索。透過問卷調查、訪談、焦點小組等方式進行市場調查，同時關注產業報告、市場資料跟數據等資訊，從中獲取有價值的市場洞察。日用品企業寶僑非常重視市場調查，透過了解消費者對環保、天然產品的需求，推出了一系列環保、天然的洗滌產品，受到了消費者的歡迎。可口可樂也加強市場調查力道，根據消費者的需求和市場變化及時調整產品和行銷策略。市場調查就像一盞明燈，為企業在黑

暗中指引前進的方向。

進行策略規劃，是企業將打破既定思維和培養預見思維落實到實際行動中的關鍵。企業可以透過舉辦未來趨勢研討會、組織情景規劃等方式培養員工的未來導向思維，就像一位智慧的導師，引導員工思考未來的發展方向。

同時建立策略規劃機制，定期對策略進行評估和調整，確保企業始終朝著正確的方向前進。奇異公司每年進行策略規劃，邀請內部專家和外部顧問共同參與，確保公司能夠及時調整策略方向，適應市場變化和未來發展趨勢。可口可樂也透過進行策略規劃，將對未來的預見融入到公司的策略決策中，為公司的持續發展指明方向。

打破既定思維、培養預見思考習慣是企業實現永續發展的關鍵。可口可樂的成功為我們提供了寶貴的借鑑。他們透過打破傳統行銷模式、預見健康消費趨勢、創新包裝設計等方式，不斷創新和發展，成為全球飲料產業的龍頭企業。

企業要想在激烈的市場競爭中立於不敗之地，就必須勇於質疑傳統、跨界學習借鑑、培養好奇心、建立未來導向的思考模式，同時透過建立創新文化、加強市場調查、進行策略規劃等實踐方法，為打破既定思維和培養預見思維採取實際行動。

第二章　預見力為起點─策略覺醒的關鍵基石

第三章
思想驅動策略 —— 策略形成的核心動力

在商業的殘酷賽局中，思想的力量是策略的核心靈魂。它如核融合般具有摧毀性和創造性的能量。它能打破陳規，穿透產業迷霧，重塑競爭格局。當多數人困於傳統思維的牢籠，擁有強大思想力量的企業已如雄鷹，在商海的狂風暴雨中展翅高飛。

策略下的企業鐵三角：從追求成交到深耕的轉變

在當今競爭激烈的商業世界中，企業要想實現永續發展，需要在策略層面進行深度思考，並建構有效的營運體系（詳見圖 3-1）。其中，「鐵三角」——定策略、組團隊、立規範，成為企業成功的關鍵要素。這個鐵三角不是簡單的三個部分的組合，而是相互關聯、相互影響的整體，它展現了企業從單純追求成交到深耕市場、建立長期競爭力的轉變。

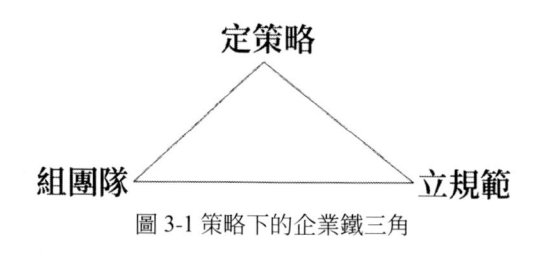

```
        定策略
         /\
        /  \
       /    \
      /      \
   組團隊————立規範
```

圖 3-1 策略下的企業鐵三角

定策略：企業發展的燈塔

策略是企業對未來發展方向的規劃和決策，它涵蓋了企業的目標、市場定位、競爭優勢的建構等多方面內容。一個好的策略猶如燈塔，為企業在茫茫商海中指引方向。例如，有一間太陽能電力公司的策略是圍繞永續能源的發展，透過不斷研發先進的太陽能技術和產品，在新能源領域開拓出廣闊的市場。它不僅僅是決定做什麼產品，更是確立了如何在技術創新、市場拓展、品牌經營等各個環節形成獨特的價值主張。

傳統的企業策略可能更著重於短期的成交，關注的是如何盡快將產品或服務銷售出去。然而，隨著市場的成熟和競爭的加劇，這種短期導向的策略面臨諸多挑戰。如今，企業開始向深耕市場轉變。例如，早期

可能只是單純追求太陽能產品的銷售數量,但現在的策略更注重品牌經營、市場區隔和客戶需求的深度挖掘。可以透過各種行銷活動深入不同產業、地區的市場,從單純的太陽能產品銷售商轉變為與客戶共同推動永續能源發展的合作夥伴。

在深耕策略下,企業需要深入分析市場趨勢、消費者需求的變化以及競爭對手的動態。例如,在新能源產業,隨著環保意識的提升和技術的不斷進步,許多企業紛紛調整策略,從傳統能源向新能源轉移。將策略重點從傳統太陽能電池板向高效率、智慧化的太陽能解決方案轉移,滿足了使用者對清潔能源的多方面需求。這種策略轉變不僅僅是業務的簡單遷移,更是基於對市場發展趨勢的深刻洞察,以及對未來競爭格局的預判。

定策略直接關係到企業的長期發展。一個清晰、準確的策略,能夠讓企業集中資源,避免盲目擴張。這間太陽能電力公司在該領域一直堅持技術創新的策略,儘管在發展過程中面臨諸多技術挑戰和市場競爭壓力,但透過持續投入研發,掌握核心技術,逐步在全球太陽能市場建立起強大的競爭優勢。這種長期的策略導向使得它能夠在面對各種挑戰時保持堅定的發展方向,不被短期利益所左右。

同時,策略的制定也為企業的創新提供了架構。企業在策略的指引下,可以針對特定目標進行技術創新、商業模式創新等活動。例如,最初以太陽能電池板生產為策略起點,在發展過程中,基於打造全球領先的太陽能企業的策略目標,不斷創新太陽能技術、拓展應用領域(如太陽能發電站建置、分散式太陽能系統等),逐步建構起多元化的太陽能產業體系。

組團隊：策略實施的核心力量

團隊是策略實施的執行者，一個優秀的團隊需要具備多種要素。首先是人員的多樣性，包括不同專業背景、工作經驗、思考方式的成員。在科技企業中，產品研發團隊需要有技術專家負責核心技術的開發，有工業設計師負責產品外觀和使用者感受的設計，還有市場人員能夠從使用者需求角度提供產品功能建議。

團隊成員的能力互補也是關鍵。以新創公司為例，一個成功的創業團隊往往包括具有創新思維的創業者、擅長財務管理的人員、精通市場行銷的人才，以及具備強大執行力的營運管理者。這些不同能力的成員相互合作，能夠彌補各自的不足，共同推動企業向前發展。

此外，團隊的文化建設也極為重要。積極向上、富有創新和合作精神的團隊文化能夠激發成員的工作熱情和創造力，這種文化氛圍使得企業能夠不斷推出具有創新性的產品和服務。

團隊必須與企業策略相互配合。如果企業的策略是拓展國際市場，那麼團隊成員就需要具備國際化的視野、跨文化溝通的能力和豐富的國際市場營運經驗。並且在全球化策略下，積極組建國際化的團隊，招募當地的優秀人才，了解不同國家和地區的市場需求、文化習俗和法律法規，從而使得其產品和服務在全世界都能順利推廣。

當企業策略從追求成交向深耕轉變時，團隊的結構和能力也需要相應調整。在追求成交階段，銷售團隊可能占據主導地位，而在深耕階段，需要更多的是市場調查人員、客戶服務專家和產品研發人員。

立規範：企業營運的堅實保障

企業中的規矩包括管理制度、工作流程、績效考核標準等多個面向。

管理制度劃清了企業內部的組織架構、各部門的職責許可權，以及員工的行為規範。

工作流程是對企業各項業務活動的標準化操作步驟。例如，專案管理流程詳細規定了專案的啟動、規劃、執行、追蹤和收尾等各個階段的工作內容、責任人，以及時間點，保證專案能夠有條不紊地進行。

績效考核標準是評估員工工作成果的依據，它與企業的策略目標相掛鉤。例如，一家以創新為策略導向的企業，會將員工的創新成果、專利申請數量等納入績效考核體系，激勵員工積極為企業的創新發展作出貢獻。

這些規範的意義在於為企業營造一個公平、有序、高效率的營運環境。它們為員工的行為提供準則，減少了內部矛盾和溝通成本，提升了企業的整體營運效率。

規範的建立必須與企業策略相配合。當企業策略發生轉變時，規範也需要相應調整。例如，當企業從傳統的實體銷售模式向網路與實體通路融合（OMO）的策略轉型時，原有的銷售管理制度、庫存管理流程等都需要重新調整，以適應新業務模式的要求。

同時，規範也對團隊有著約束和激勵的作用。合理的規章制度能夠確保團隊成員按照策略目標的要求進行工作，避免個人行為偏離企業整體利益。

例如，在一個研發團隊中，如果沒有嚴格的智慧財產權保護制度和專案進度管理制度，可能會出現技術洩密、專案延期等問題。而有效的績效考核制度和激勵機制能夠激發團隊成員的工作積極性，提升團隊的執行力。

第三章　思想驅動策略—策略形成的核心動力

在企業從追求成交到深耕市場的過程中，立規範顯得尤為重要。在深耕階段，企業更加注重品質、服務和品牌形象的建立。例如，在服務型企業中，需要建立嚴格的服務標準和客戶回饋機制，確保客戶能夠享受到優質、一致的服務經驗。透過明確的服務流程和規範，員工能夠清楚地知道自己的工作職責和服務標準，從而提升服務品質。

在品牌經營方面，企業需要建立品牌管理的相關制度，規範品牌形象的傳播，確保產品品質的穩定性等。這些規矩的建立有助於企業在深耕市場過程中樹立良好的品牌形象，提升品牌好感度和忠誠度。

定策略、組團隊、立規範三者相互依存、相互促進。策略為團隊和規矩指明方向，團隊是策略實施的主體，規矩保障團隊有序執行策略。只有三者合作發力，企業才能在激烈的市場競爭中脫穎而出，實現永續發展。

1. 定策略是組團隊和立規範的前提

企業的策略方向決定了需要什麼樣的團隊來執行，以及建立什麼樣的規矩來保障營運。如果策略是聚焦於高階太陽能技術產品的研發和銷售，那麼團隊就需要聚集大量的高級技術人才，而規章制度則要圍繞技術保密、研發流程管理等方面來制定。例如，在太陽能技術領域保持領先地位，因此召集了由眾多頂尖太陽能技術專家組成的團隊，並建立嚴格的技術研發流程管理和智慧財產權保護制度。

2. 組團隊是策略實施和規矩執行的關鍵

團隊是策略落實的核心力量，同時也是遵守和執行規矩的主體。一個高效率的團隊能夠準確理解策略意圖，並將其轉化為實際行動。例如，團隊成員必須深信太陽能能源的未來發展前景，積極推動公司在太

陽能技術研發、生產製造和市場推廣方面的策略實施。同時，團隊成員也必須遵守企業的各項規章制度，如生產安全制度、品質控制制度等，以確保企業的正常營運。

3. 立規範是策略和團隊有效運作的保障

規範為策略的實施和團隊的合作提供了穩定的架構。它確保團隊成員在策略的指引下有序工作，避免出現混亂和內耗。例如，透過建立統一的產品製作流程、服務規範和店面管理規定等規章制度，保障企業在不同地區的店面能夠按照統一的標準營運，從而實現企業的品牌擴張策略。同時，合理的規矩也能夠激勵團隊成員為實現策略目標而努力工作，如透過績效獎金制度激勵銷售人員達成銷售目標，推動企業銷售策略的實現。

在企業從追求成交到深耕的轉變過程中，定策略、組團隊、立規範這一個鐵三角有著不可替代的作用。策略為企業發展指明方向，團隊是策略實施的核心力量，規矩則為企業營運提供保障。三者相互關聯、相互影響，構成一個完整的整體。只有建構好這個鐵三角，企業才能在日益複雜的市場環境中實現永續發展，從短期的交易型企業轉變為具有長期競爭力的深耕型企業。企業領導者需要深入理解鐵三角的內涵，不斷改良策略決策、團隊建設和制度規範，以適應不斷變化的市場需求和競爭格局。

第三章　思想驅動策略─策略形成的核心動力

領導者的大腦走得越遠，企業發展就越穩

在當今商業世界這片洶湧澎湃的海洋中，企業恰似一艘艘巨輪，在驚濤駭浪中奮力前行。而領導者，無疑是掌控巨輪方向的關鍵舵手。一個具有遠見卓識的領導者，能夠憑藉其深刻的思想洞察市場的風雲變幻，提前布局未來，為企業鑄就堅實的發展基石。當領導者的大腦不斷拓展邊界時，企業便能在複雜多變的商業環境中乘風破浪，穩步前行。

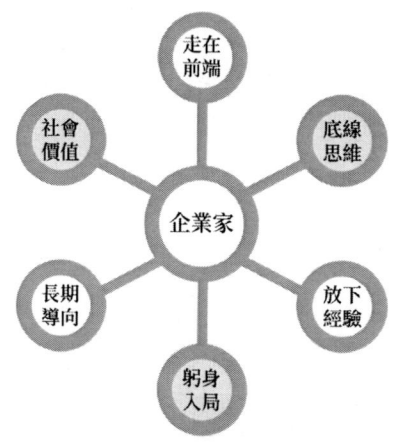

圖 3-2 企業家讓大腦走得更遠的策略圖

底線思維：築牢企業穩定發展的基石

1. 法律底線：企業營運的基本框架

在商業活動的舞臺上，法律如同舞臺的邊界，規定著企業活動的範圍。

一個具有遠見卓識的領導者深知，嚴格遵守法律法規是企業生存與發展的基本要求。以製藥企業為例，藥品的研發、生產、銷售等各個環

節都受到嚴格的法律法規監管。如果企業為了追求短期利潤而忽視法律規定，如進行虛假的臨床試驗，或者違規銷售未經許可的藥品，那麼企業將面臨龐大的風險。高額的罰款可能會使企業的資金鏈斷裂，停業整頓會讓企業失去市場占有率，而法律制裁更可能導致企業徹底倒閉。相反，那些嚴格遵守法律底線的製藥企業，憑藉符合法規的營運，在全球市場建立起了良好的信譽，贏得了患者、醫療機構，以及投資者的信任，為企業的長期穩定發展奠定了堅實的基礎。

2. 道德底線：贏得人心的關鍵

企業不僅僅是一個經濟實體，更是社會的一分子，秉持道德底線是企業贏得社會尊重的重要途徑。在食品產業，誠信經營是道德底線的重要展現。

那些堅守道德底線的有機食品企業，他們從原料採購到生產加工，始終遵循著天然、無汙染、無添加的原則。這些企業的領導者深知，一旦在道德上出現問題，如虛假標注有機成分或者使用有害的添加劑，即使能夠在短期內獲得利益，但從長遠來看，必然會失去消費者的信任。企業只有秉持誠信、公正、責任等道德價值觀，贏得消費者的信任和喜愛，才能在激烈的市場競爭中脫穎而出，建立長期穩定的客戶關係。

3. 風險底線：應對不確定性的保障

商業環境充滿了不確定性，領導者必須具備風險底線思維。以科技企業為例，技術創新的速度極快，新的技術可能會迅速顛覆現有的商業模式。領導者需要提前對各種風險進行評估，如技術研發失敗的風險、市場需求變化的風險、競爭對手推出更具競爭力產品的風險等。例如，曾經的手機巨頭Nokia，在智慧型手機浪潮來襲時，由於對風險評估不足，未能及時調整策略，導致在市場競爭中迅速衰落。而蘋果則憑藉其

對風險的敏銳洞察力，提前布局智慧型手機市場，不斷投入研發，在硬體、軟體和生態系統等方面進行創新，從而在全球智慧型手機市場占據主導地位。

放下經驗：開拓企業發展的新視野

1. 突破傳統思維的禁錮

經驗是一把雙刃劍，在快速變化的時代，它可能成為企業發展的阻礙。

傳統的零售產業曾經依賴實體店面進行銷售，一些經驗豐富的零售企業領導者可能會因為過去成功的經驗而對網路銷售模式持懷疑態度。然而，隨著網路技術的發展，消費者的購物習慣發生了巨大變化。像沃爾瑪這樣的傳統大型零售商，雖然在實體零售領域擁有豐富的經驗和龐大的市場占有率，但也意識到不能被經驗束縛，開始大力發展線上業務，整合網路與實體的資源，突破傳統思維的限制，從而在新的零售格局中保持競爭力。

2. 持續學習新知識與理念

企業領導者需要不斷學習新的知識、理念和方法，以適應不斷變化的商業環境。以金融產業為例，隨著金融科技的興起，傳統的金融服務模式受到了巨大衝擊。那些具有前瞻性的金融企業領導者開始學習區塊鏈、人工智慧等新興技術的知識，並思考如何將這些技術應用到金融服務中。他們積極參加各類金融科技研討會，與科技企業合作，探索新的商業模式，如行動支付、智慧投顧等。透過持續學習，他們能夠帶領企業在金融科技的浪潮中不斷創新，開拓新的市場空間。

3. 集思廣益的力量

　　放下經驗還意味著領導者要傾聽不同的聲音。在一個創新型企業中，員工往往是最接近市場和技術前端的群體。領導者應該鼓勵員工提出不同的意見和建議，營造出開放包容的企業文化。例如，Google 以其創新的企業文化而聞名，公司鼓勵員工將 20％的工作時間用於自主探索感興趣的專案。

　　這一措施激發了員工的創造力，許多創新的產品和服務，如 Gmail 等，都是在這種環境下誕生的。同時，企業領導者還應該積極傾聽客戶、合作夥伴和產業專家的聲音。客戶的需求是企業創新的泉源，合作夥伴可能帶來新的資源和思路，產業專家則能夠提供整體的市場趨勢分析。透過集思廣益，企業可以獲得更多的創新思路和發展方向，為企業的持續發展注入新的活力。

躬身入局：推動企業穩定發展的行動力

1. 深入企業營運的各個環節

　　領導者的躬身入局是深入了解企業實際情況的關鍵。在製造業中，生產流程的改良對於提升效率和降低成本極為重要。領導者如果只是坐在辦公室聽取報告，很難真正了解生產線上的問題。例如，豐田汽車的領導者就非常注重深入生產前線。他們透過「現地現物」的管理理念，親自到生產現場觀察，與第一線工人交流，及時發現生產過程中的浪費現象和品質問題。透過這種方式，豐田汽車不斷改良生產流程，實現了精益生產，成為全球汽車製造業的指標企業。

2. 與員工並肩作戰

在企業面臨困難和挑戰時，領導者與員工並肩作戰能夠激發員工的工作熱情和創造力。在創業企業中，資金緊張、市場開拓困難是常見的問題。如果領導者能夠與員工同甘共苦，共同尋找解決方案，員工會感受到自己是企業的一分子，從而更加積極地投入工作。例如，有公司的老闆在創業初期，和團隊成員一起加班，共同研發產品、拓展市場。這種並肩作戰的精神使得公司在短時間內迅速崛起，打造出了具有優勢的產品，贏得了廣大使用者的喜愛。

3. 深入市場競爭與客戶互動

領導者要積極參與市場競爭，與客戶進行直接互動。在科技公司中，了解客戶的需求和關鍵問題是企業成功的關鍵。例如，有的公司的領導者非常注重與使用者的互動。他們透過旗下的社交平臺收集使用者的回饋意見，及時調整產品功能和服務內容。亦可在社交平臺尚根據使用者需求推出各種結合生活需求的功能，滿足使用者的需求，提升了使用者滿意度和忠誠度，從而在行動網路市場占據重要地位。

長期導向：打造企業穩定發展的策略眼光

1. 持續投入打造核心競爭力

從投資角度看，長期導向要求企業領導者勇於在研發、人才培養、品牌經營等方面進行持續投入。有科技公司每年將大量的資金投入到研發中，即使在面臨外部壓力的情況下也從未間斷。這種持續的研發投入使得它在 5G 通訊技術等領域取得了領先地位。在人才培養方面，則建立了完善的人才培養體系，從校園招募到內部培訓，不斷提升員工的專業

技能和綜合素養。在品牌建立上，透過優質的產品和服務，以及積極的全球市場推廣，樹立高級、可靠的品牌形象。這些長期的投入都是核心競爭力的重要來源。

2. 注重企業的全面建置

在經營管理方面，長期導向注重企業的文化建立、團隊建立和制度建立。企業文化是企業的靈魂，優秀的企業文化能夠凝聚員工的力量。例如，強調客戶第一、團隊合作、擁抱變化等價值觀，積極向上的企業文化能夠吸引大量優秀的人才加入。在團隊建立方面，企業需要打造一支高素養、具有創新能力的團隊。Google 以其獨特的人才選拔和培養機制而聞名，透過吸引全球頂尖的人才，建立跨學科、跨文化的團隊，不斷推動創新。同時，科學化的管理制度是企業長期穩定發展的保障。企業需要建立完善的財務管理、人力資源管理、風險管理等制度體系，以確保企業營運的效率和穩定。

3. 耐心與定力的考驗

長期導向還意味著企業家要有耐心和定力，不為短期的市場波動和利益誘惑所動搖。在房地產市場，有些企業為了追求短期的高利潤，過度依賴高槓桿進行大規模的土地儲備和專案開發。然而，一旦市場出現波動，這些企業就會面臨巨大的資金壓力。

社會價值：提升企業穩定發展的社會影響力

1. 滿足社會需求與提升生活品質

企業透過創新產品和服務來滿足社會的需求，從而提升人們的生活品質，這是創造社會價值的重要展現。例如，蘋果推出的 iPhone 系列產

品，不僅僅是一款手機，更是一種改變人們生活方式的創新產品。它整合了通訊、娛樂、辦公等多種功能，讓人們可以隨時隨地獲取資訊、進行社交、娛樂和工作。蘋果的這種創新不僅為自身帶來了巨大的商業利益，也提升了全球數十億使用者的生活品質，從而贏得了使用者的高度認可和忠誠。

2. 積極參與環保與永續發展

在全球環境問題日益嚴峻的背景下，企業積極參與環保事業是履行社會責任的重要方式。例如，特斯拉致力於電動車的研發和推廣，以減少傳統燃油汽車對環境的汙染。特斯拉的執行長馬斯克（Elon Musk）看到了電動車在未來交通領域的巨大潛力，不僅大力投入技術研發，還積極建置超級充電站，推動電動車的普及。特斯拉的這種做法不僅符合全球環保的大趨勢，也為企業贏得了良好的社會聲譽和市場競爭力。

3. 舉行公益活動促進社會和諧

企業舉行公益活動可以幫助弱勢族群，促進社會公平和諧。例如，蓋茲基金會在全球推動了一系列公益專案，包括在非洲打擊瘧疾、改善全球教育狀況等。微軟作為蓋茲基金會的背後支持者，透過這種公益活動提升了自身的社會形象。在企業內部，這種公益行為也能夠激發員工的社會責任感和自豪感，提升員工的凝聚力和忠誠度。

走在前端：引領企業穩定發展的創新精神

1. 敏銳的市場洞察力與前瞻性思維

在激烈的市場競爭中，企業家要有走在前端的勇氣和創新精神，必須具備敏銳的市場洞察力和前瞻性思維。以電商產業為例，有的企業在

網路剛剛興起的時候就預見到了電子商務的巨大發展潛力。他們打造了不同的大型電商平臺，改變了傳統的商業零售模式。透過創新的商業模式，為中小企業提供了一個便捷的銷售平臺，同時也為消費者提供了豐富的商品選擇。

2. 不斷創新產品、服務與商業模式

走在前端要求企業家不斷推出新的產品、服務和商業模式，滿足消費者日益變化的需求。例如，共享經濟模式的興起就是企業家創新的典型案例。

以共享交通為例，企業的領導者看到了城市交通中的出行難題以及人們對便捷、綠色出行方式的需求。他們推出了共乘這種創新的商業模式，使用者可以透過智慧型手機 App 使用共乘服務。這種創新不僅解決了人們的出行問題，還開創了一種新的經濟模式，吸引了大量的使用者和投資者。

3. 敢冒險的精神

在創新的過程中，必然會面臨各種風險和不確定性。但只有勇於冒險，勇於嘗試，才能在競爭中脫穎而出，成為產業的領導者。例如，SpaceX 的創始人馬斯克，他的目標是實現人類的星際旅行和火星移民。這一目標在當時被很多人認為是遙不可及的幻想。然而，馬斯克敢冒險，他帶領團隊不斷進行技術研發和創新，儘管在過程中經歷了多次火箭發射失敗，但他始終沒有放棄。最終，SpaceX 成功實現了可重複使用火箭技術的突破，降低了太空探索的成本，成為全球航太領域的創新領導者。

綜上所述，企業家所具備的底線思維、放下經驗、躬身入局、長期導向、社會價值和走在前端等特質，能夠促使領導者的大腦走得更遠，為企業的穩定發展提供有力的支撐。在未來的商業競爭中，領導者需要不斷修練自身的這些特質，以引領企業在洶湧澎湃的商業海洋中穩健前行，駛向更加輝煌的未來。

第三章　思想驅動策略─策略形成的核心動力

認定目標，找對人才，凝聚一心

在商業的浩瀚海洋中，企業策略的核心並非僅僅是一系列的目標和計畫，更是一種由思想的力量所塑造的強大動力。其中，「認定目標，找對人才，凝聚一心」成為了塑造企業策略核心的關鍵要素（詳見圖 3-3）。

策略核心要素
- 認定目標
  - 深入市場調查和分析
  - 確立企業使命與願景
  - 堅持專注長期導向
- 找對人才
  - 釐清人才需求與標準
  - 吸引優秀人才
  - 培養與發展人才
- 凝聚一心
  - 塑造共同的價值觀
  - 建立正向的企業文化
  - 加強團隊溝通與合作

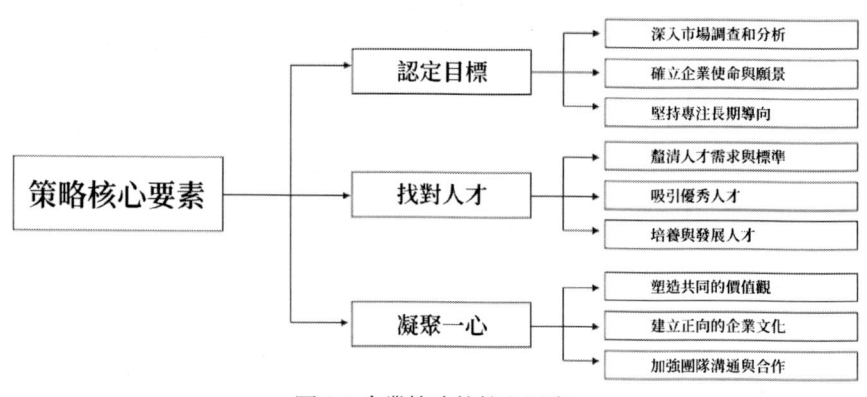

圖 3-3 企業策略的核心要素

認定目標：確認企業的方向與使命

認定目標，意味著企業要確認自己的核心業務和發展方向，這是企業策略的起點，也是企業存在的根本意義。

1. 深入市場調查和分析

企業需要透過深入的市場調查和分析，了解市場的需求、趨勢和競爭情勢。只有對市場有了清晰的認知，才能清楚找到自己的定位，確定要專注的核心業務。例如，有手機製造商在成立之初，透過對手機市場的深入調查，發現消費者對於高 CP 值智慧型手機的需求巨大。於是，他們認定了智慧型手機這一核心業務，專注於為消費者提供效能強大、價

格親民的手機產品。

然而，也有不少企業因未能認定目標而陷入困境。以曾經的手機巨頭 Nokia 為例，在智慧型手機浪潮來襲時，Nokia 未能及時確認新的發展方向，依然固守傳統手機業務，對智慧型手機的發展趨勢反應遲緩。儘管 Nokia 在傳統手機領域有著強大的技術和品牌優勢，但由於沒有認清智慧型手機這一未來的核心業務，最終在市場競爭中逐漸被淘汰。

2. 確立企業使命與願景

確認核心業務後，企業要確立自己的使命和願景。使命是企業存在的目的，願景是企業未來的理想狀態。明確的使命和願景能夠為企業提供長期的方向指引，激發員工的工作熱情和創造力。例如，迪士尼的使命是「為人們帶來快樂」，願景是「成為全球領先的娛樂公司」。在這一使命和願景的引領下，迪士尼不斷推出精彩的動畫電影、主題公園和周邊產品，為全球消費者帶來了無盡的歡樂。

3. 堅持專注與長期導向

認定目標後，企業要堅持專注，抵制誘惑，避免盲目多元化。只有長期專注於核心業務，企業才能不斷累積經驗和資源，形成核心競爭力。例如，可口可樂一百多年來一直專注於飲料業務，透過不斷創新和品牌經營，成為了全球最具價值的品牌之一。

找對人才：打造高效的團隊

找對人才，是實現企業策略的關鍵。一個優秀的團隊能夠將企業的策略轉化為實際行動，推動企業不斷向前發展。

1. 釐清人才需求與標準

企業要根據自身的策略和業務需求，釐清所需人才的類型和標準。這包括專業技能、工作經驗、創新能力、團隊合作精神等方面。例如，特斯拉在招募員工時，著重於尋找具有創新精神、工程技術能力強，以及對永續能源充滿熱情的人才。這與特斯拉致力於推動電動車和可再生能源發展的策略目標相契合。

2. 吸引優秀人才

企業要制定有吸引力的人才引進策略，吸引優秀人才加入。這包括提供有競爭力的薪酬待遇、良好的工作環境、廣闊的發展空間等。

3. 培養與發展人才

企業不僅要吸引人才，還要注重人才的培養和發展。透過提供培訓、晉升機會和職業發展規劃，激發員工的潛力，提升員工的綜合素養。例如，可以投入大量資源用於員工培訓和發展，建立教育發展機制，為員工提供全方位的培訓和發展機會。新員工入職後可以安排一系列的培訓，包括企業文化、業務知識、技能提升等。同時，為員工提供廣闊的晉升空間和職業發展規劃，鼓勵員工不斷挑戰自我，實現個人價值。

凝聚一心：建立共同的價值觀與文化

凝聚一心，是確保企業策略順利實施的保障。一個具有共同價值觀和文化的企業，能夠形成強大的凝聚力和戰鬥力。

1. 塑造共同的價值觀

企業要明確自己的核心價值觀，如誠信、創新、責任、團隊合作等。透過宣傳、培訓和榜樣示範等方式，將這些價值觀傳遞給每一位員工，使員工在工作中自覺踐行，相互合作，共同為實現企業的策略目標而努力。

2. 建立正向的企業文化

企業文化是企業價值觀的具體展現，它包括企業的行為規範、工作氛圍、溝通方式等方面。建立積極向上的企業文化，能夠增強員工的歸屬感和認同感，提升員工的工作積極性和創造力。例如，鼓勵創新，尊重不同的意見和想法，相互合作，共同攻克技術難題。這種文化氛圍可以吸引眾多優秀人才加入，推動企業的不斷發展。

3. 加強團隊溝通與合作

凝聚一心還需要加強團隊之間的溝通與合作。透過建立有效的溝通機制、舉行團隊活動等方式，促進團隊成員之間的相互了解和信任，提升團隊的合作效率。例如，定期召開團隊會議、使用合作工具、舉辦戶外拓展活動等都是加強團隊溝通與合作的有效方式。在團隊會議上，員工們可以分享工作進展、交流問題和解決方案；使用合作工具可以提升團隊的工作效率和資訊共享程度；舉辦戶外拓展活動可以增強團隊成員之間的感情和信任，提升團隊的凝聚力。

總之，用思想的力量塑造企業策略的核心，需要認定目標，找對人才，凝聚一心。只有確立了企業的方向與使命，打造高效的團隊，建立共同的價值觀與文化，企業才能在激烈的市場競爭中立於不敗之地，實現永續發展。

最大的無知是明明知道自己無知，卻還要批判一切

人類認知的邊界是客觀存在的。企業領導者在商業的廣袤海洋中航行，他們的視野會被自身的知識結構、過往經驗，以及根深蒂固的價值觀所束縛。在新興技術風起雲湧的當下，許多企業領導者發現自己處於知識的邊緣地帶。

當企業領導者明明知道自己無知卻還批判一切時，這種行為就像一把雙刃劍，既傷害企業內部的創新動力，又在外部將企業置於孤立的境地。

從內部來看，這種批判一切的心態會扼殺創新的萌芽。企業策略需要創新思維來驅動，需要對新的理念、技術和模式持包容態度。當領導者對新事物一概批判時，企業內部的創新氛圍會變得壓抑。例如，某傳統服裝製造企業，在面對永續時尚理念的興起時，領導者雖然明白自己對這個新領域了解甚少，但還是批判永續時尚只是一種行銷噱頭。這導致企業內部的設計師和研發人員不敢提出關於永續時尚產品線的創意，企業錯過了在這個新興領域搶占市場占有率的先機。

在外部關係方面，這種心態會使企業與合作夥伴、供應商，以及潛在的同盟者產生隔閡。在現代商業環境中，企業之間的合作關係日益複雜。以汽車產業為例，隨著新能源汽車的發展，電池技術成為關鍵環節。一些傳統汽車企業的領導者對新興的電池製造商提供的新技術持批判態度，他們堅持認為傳統的燃油汽車技術仍然占據主導地位，對新能源汽車所需的電池技術挑三揀四。這種態度使得他們在與電池製造商的合作談判中態度傲慢，最終導致很多優秀的電池技術商選擇與更具開放性的汽車企業合作。而那些批判一切的傳統汽車企業，在新能源汽車發展的浪潮中逐漸失去競爭力，面臨市場占有率越發萎縮的困境。

為了避免陷入無知與批判的陷阱，企業領導者需要採取以下措施。

一、保持謙虛的態度：企業領導者應該意識到自己的無知，保持謙虛的心態。他們應該不斷地學習和探索，提升自己的認知水準。只有這樣，才能在制定策略時做出更加準確的判斷。比如某家電製造商的領導者，在面對小家電市場不斷變化的需求和新興技術挑戰時，深知自己對於如何在智慧小家電時代引領企業發展存在無知之處。他沒有盲目批判新興的技術趨勢和競爭對手，而是保持謙虛。他深入研究智慧小家電技術、線上行銷管道等新興領域，積極與內部各個層級的員工交流，聽取他們的意見。這種謙虛的態度使得他能夠制定出更加符合企業發展需求的策略，帶領企業在小家電產業不斷創新，推出更多符合市場需求的產品。

二、培育開放的思維：企業領導者要打破傳統思維的枷鎖，以開放的胸懷接納新事物。特斯拉和 SpaceX 的創始人伊隆‧馬斯克就是擁有開放思維的典範。馬斯克涉足的電動車和太空探索領域在當時都是極具挑戰性和創新性的領域。他沒有因為傳統汽車產業的固有模式或者太空探索的高難度而拒絕探索。他以開放的心態接納新的電池技術、太空技術創新成果，並大膽地將這些技術應用到自己的企業策略中。他與不同國家、不同產業的企業和研究機構合作，從而實現了特斯拉在電動車產業的變革性突破，以及 SpaceX 在商業航太領域的諸多創舉。

四、積極主動地學習：企業領導者要將學習作為一種持續的行為，不斷提升自己的知識儲備和認知水準。透過積極的學習，讓企業能夠迅速推出適應市場需求的產品。

在企業策略的宏大敘事中，無知是必然存在的，積極應對無知才是企業成功的關鍵。明明知道自己無知還要批判一切是企業發展道路上的巨大陷阱。企業領導者必須要明白，保持謙虛、擁有開放的思維和積極

學習的態度是走出這個陷阱的三把鑰匙。企業領導者要以一種積極的姿態超越無知的批判，走向策略覺醒的道路。這不僅是為了企業自身的生存與發展，更是為了在不斷演進的商業生態中創造更大的價值，引領產業的變革與進步。

第四章
競爭力之刃 —— 策略聚焦的尖端所在

在商業的戰場上,策略是致勝的關鍵,而核心競爭力就是策略的尖刀。它有如雷射般犀利、能瞬間擊穿對手防線的強大力量。無論是技術創新的絕對優勢、無可比擬的成本控制,還是獨一無二的品牌魅力,都是這把尖刀的鋒芒。

第四章　競爭力之刃──策略聚焦的尖端所在

專注力和持久力是時代的稀有產品

在當今這個以光速演進的行動網路時代，人類社會猶如一部高速運轉的龐大機器，資訊如洪流般洶湧奔騰，機遇與挑戰如繁星般閃爍交織。我們的大腦在這資訊的風暴中左支右絀，我們本應專注於任務或目標，去深入思考、創造價值，卻在這無盡的干擾下變得支離破碎。而且，人們習慣了快速得到結果，渴望瞬間的快感和回報。稍有困難便輕易放棄，缺乏持之以恆的毅力去攻克難題、追求長遠目標。在這個浮躁的社會氛圍中，能夠靜下心來，長時間專注於一件事情並堅持不懈地努力，已然成為一種罕見的特質。

一間在全球頗具名氣的科技公司，以其卓越的專注力和頑強的持久力，如同一座巍峨的山峰，屹立於時代的風雲之中。它的成功之路，不僅僅是一部波瀾壯闊的商業傳奇，更是對專注力與持久力最生動的詮釋和最有力的證明。（詳見圖 4-1）

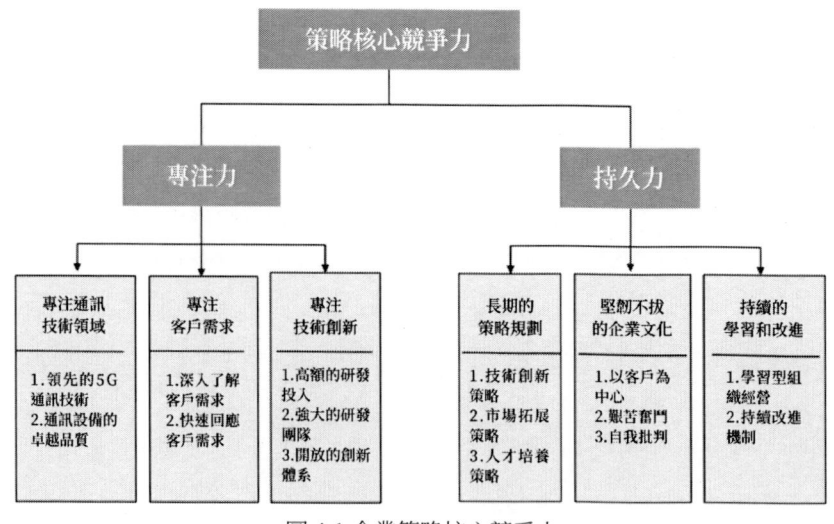

```
                    策略核心競爭力
          ┌──────────────┴──────────────┐
        專注力                         持久力
   ┌──────┼──────┐              ┌──────┼──────┐
 專注通訊  專注    專注           長期的  堅韌不拔  持續的
 技術領域 客戶需求 技術創新        策略規劃 的企業文化 學習和改進

1.領先的5G  1.深入了解 1.高額的研發  1.技術創新  1.以客戶為  1.學習型組
  通訊技術    客戶需求    投入          策略        中心        織經營
2.通訊設備的 2.快速回應 2.強大的研發  2.市場拓展  2.艱苦奮鬥  2.持續改進
  卓越品質    客戶需求    團隊          策略        3.自我批判    機制
                        3.開放的創新  3.人才培養
                          體系          策略
```

圖 4-1 企業策略核心競爭力

專注力：企業的核心競爭力之一

專注力，是一種心無雜念、全神貫注聚焦於特定目標的強大能力。於商業世界而言，它意味著企業必須堅如磐石般專注於自身核心業務，絕不因外界的紛紛擾擾和種種誘惑而動搖。在這個喧囂的時代，各種誘惑如影隨形，稍不留神，企業就可能被帶偏方向。然而，真正具有專注力的企業，能如定海神針般，牢牢鎖定目標，不為所動。在企業的發展歷程中，專注力始終是核心競爭力之一。

（一）專注通訊技術領域

這間科技公司自成立以來，就將自己的業務聚焦於通訊技術領域。在這個領域中不斷投入大量的人力、物力和財力，進行技術研發和創新。透過幾十年的專注耕耘，在通訊技術領域取得了一系列的重大突破和成就。

1. 5G 技術的領先

5G 技術是當前通訊技術領域的熱門焦點，也是推動未來數位經濟發展的技術。該公司在 5G 技術的研發上投入了巨大的資源，經過多年的努力，終於在 5G 技術領域有所突破，能夠為使用者提供更加優質的通訊服務。

2. 通訊設備的卓越品質

該企業在通訊設備的研發和生產過程中，始終堅持高標準、嚴要求，不斷進行技術創新和品質改進。使得其通訊設備在市場上贏得了廣泛的讚譽和認可。

(二) 專注客戶需求

該企業始終堅持以客戶為中心的經營理念,將滿足客戶需求作為自己的首要任務。在企業的發展歷程中,始終密切關注客戶的需求變化,不斷調整自己的產品和服務,滿足客戶進一步的需求。

1. 深入了解客戶需求

企業透過各種管道,深入了解客戶的需求和問題。銷售人員、技術人員和研發人員可經常深入客戶現場,與客戶進行面對面地溝通和交流,了解客戶的實際需求和使用感受。同時,透過市場調查、客戶回饋等方式,收集客戶的需求資訊,為產品和服務的改進提供依據。

2. 快速回應客戶需求

企業可以建立了一套完善的客戶需求回應機制,能夠在最短的時間內對客戶的需求進行分析和處理,並提出相應的解決方案。不僅能夠贏得客戶的信任和好評,而且也為自己贏得了市場競爭的優勢。

(三) 專注技術創新

技術創新是企業發展的動力泉源,也是企業保持競爭力的關鍵。企業應該始終將技術創新作為自己的核心策略,不斷加強技術創新的投入力道,提升技術創新的能力和水準。

1. 高額的研發投入

上述的科技公司每年都將大量的資金投入到技術研發中,投入的金額占銷售收入的比例一直保持在 10% 以上,遠高於同產業的平均水準。高額的研發投入,為技術創新提供了堅實的資金保障。

2. 強大的研發團隊

一支強大的研發團隊，可以由眾多的科學家、工程師和技術專家組成。他們具有豐富的專業知識和實踐經驗，能夠在各自的領域中進行深入的研究和創新。

3. 開放的創新體系

企業可以建立一套開放的創新體系，積極與大學、研究機構和企業進行合作，共同進行技術創新活動。透過與合作夥伴的合作，不僅能夠共享技術資源和創新成果，而且還能夠提升自己的技術創新能力和水準。

持久力：企業的成功基石

持久力，則是一種持之以恆、鍥而不捨堅持下去的頑強毅力。它要求企業在遇到困難與挫折時，絕不輕言放棄，而是持續不斷地投入心血與努力，不達目標誓不罷休。在商業征程中，困難與挫折如家常便飯，沒有持久力的企業，往往在第一道難關前就敗下陣來。而那些擁有持久力的企業，能在困境中咬牙堅持，一步一個腳印地朝著目標邁進。

（一）長期的策略規劃

長期的策略規劃應涵蓋了技術創新、市場拓展、人才培養、企業文化等各個方面，為企業長期發展提供明確的方向和目標。

1. 技術創新策略

企業將技術創新作為自己的核心策略，不斷擴大技術創新的投入力道，提升技術創新的能力和水準。技術創新策略應不僅注重短期的技術

突破和產品創新，還要注重長期的技術累積和基礎研究，為自己的永續發展奠定堅實的技術基礎。

2. 市場拓展策略

在市場拓展方面，企業應始終堅持全球化的策略布局。良好的市場拓展策略不僅注重短期的市場占有率和銷售收入的增加，還注重長期的市場布局和品牌經營，為自己的永續發展開闢廣闊的市場空間。

3. 人才培養策略

人才培養是企業的重要策略任務，應加強人才培養的投入力道，提升人才培養的品質和水準。人才培養策略不僅要注重短期的人才需求和人才儲備，而且還要注重長期的人才發展和人才激勵，為自己的永續發展提供了強大的人才基礎。

（二）堅韌不拔的企業文化

堅韌不拔、艱苦奮鬥的企業文化，在企業的發展歷程中，始終能激勵著員工不斷前進，克服各種困難和挑戰。

1. 以客戶為中心

堅持以客戶為中心的經營理念，將滿足客戶需求作為自己的首要任務，不斷提升自己的產品和服務品質，為客戶創造更大的價值。以客戶為中心的文化，不僅能夠贏得客戶的信任和好評，而且也為企業的永續發展奠定了堅實的市場基礎。

2. 艱苦奮鬥

　　企業文化強調艱苦奮鬥的精神，讓企業的員工始終保持著一種艱苦奮鬥的作風，不怕吃苦，不怕困難，勇於打拚，勇於創新。這樣的文化不僅激勵著員工不斷前進，而且也為企業的永續發展提供了強大的精神動力。

3. 自我批判

　　有的企業文化倡導自我批判的精神。員工始終保持著一種自我批判的態度，不斷反思自己的工作和行為，發現問題，及時改進。這樣的自我批判文化，不僅有助於員工不斷提升自己的工作效率和品質，而且也為企業的永續發展提供了持續的動力泉源。

（三）持續地學習和改進

　　企業在發展過程中，應始終堅持持續地學習和改進。保持著一種學習的心態，不斷學習新的知識和技能，提升自己的綜合素養和能力水準。同時，也始終保持著一種改進的心態，不斷反思自己的工作和行為，發現問題，及時改進。

1. 學習型組織經營

　　經營學習型的組織，可鼓勵員工不斷學習和創新。企業為員工提供了豐富的學習資源和培訓機會，幫助員工不斷提升自己的專業知識和技能水準。同時，也能鼓勵員工之間進行知識共享和交流，促進團隊的共同成長和進步。

2. 持續改進機制

一套完善的持續改進機制，可鼓勵員工不斷發現問題，提出改進建議，並積極參與改進活動。持續改進機制涵蓋產品研發、生產製造、市場行銷、售後服務等各個環節，為企業的永續發展提供了有力的保障。

企業透過確定核心價值與使命、制定長期策略規劃、建立專注的企業文化和持續創新與學習等方面的努力，培養專注力和持久力。在當今競爭激烈的商業環境中，其他企業可從策略覺醒的角度出發，培養自身的專注力和持久力，實現長期穩定的發展。

那麼對於企業來說，尤其是中小企業，具體應該如何培養其專注力和持久力呢？（詳見圖 4-2）

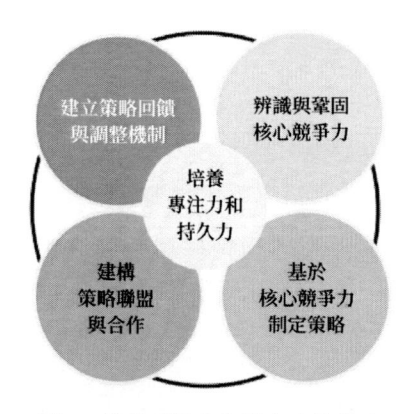

圖 4-2 培養專注力和持久力的策略

第一，辨識與鞏固核心競爭力。

精準定位核心競爭力：深入分析企業在產品、技術、服務、流程等方面的優勢。例如，一家小型高級訂製家具企業，其核心競爭力可能是精湛的傳統木工手藝和客製化的設計服務。透過市場調查、客戶回饋和與競爭對手對比，認明這些優勢並聚焦於此，將資源傾注於強化這些核心能力上。

持續鞏固核心競爭力：投入資源進行技術升級或員工技能培訓。比如上述家具企業可以定期安排工匠參加高級木工技藝培訓，或者導入先進的設計軟體，提升設計效率和品質，確保核心競爭力不被削弱。

第二，基於核心競爭力制定策略。

專一化策略：中小企業資源有限，選擇專一化策略，集中力量服務特定的利基市場。以小型有機食品企業為例，它可以專注於為注重健康的高收入消費者提供有機蔬菜禮盒客製服務，深入了解這一特定客群的需求，提供超越競爭對手的價值。

策略連貫性：一旦確定策略，要保持連貫性。避免頻繁改變策略方向，讓企業在選定的領域持續深耕。如在有機食品領域，企業堅持品質第一、客製化服務的策略理念，不輕易涉足非有機食品領域或大規模量產產品。

第三，建立策略聯盟與合作。

尋找互補夥伴：透過與具有互補核心競爭力的企業合作，增強專注力和持久力。例如，一家小型智慧硬體新創企業可以和大型軟體公司合作，利用對方的軟體技術優勢完善產品生態，自身則專注於硬體研發和生產，雙方資源共享，降低成本和風險。

聯合對抗競爭壓力：在面對產業大型企業競爭時，中小企業聯合起來形成策略聯盟，共同應對挑戰。比如多家小型環保設備企業相互合作，共享銷售通路、技術研發成果，提升在市場中的議價能力和長久生存能力。

第四，建立策略回饋與調整機制。

定期評估策略執行情況：設定關鍵績效指標（KPI）來評估策略實施是否圍繞核心競爭力進行。例如，對於一家專注於線上教育課程開發的

中小企業,可以用課程購買率、使用者滿意度評分等指標來評估策略執行效果。

靈活調整策略重點:根據市場變化和企業發展階段,在不偏離核心競爭力的前提下,靈活調整策略重點。如果線上教育市場對互動性課程需求增加,企業可以調整資源分配,加強互動課程的開發,同時仍保持原有的高品質課程內容核心優勢。

只有品牌才可以養企業一輩子

核心競爭力是企業策略的最銳利之處，是在殘酷競爭中克敵致勝的關鍵法寶。擁有強大核心競爭力的企業，能如利刃出鞘般在市場的混沌中開闢出屬於自己的輝煌之路。而核心競爭力與品牌緊密相連，如同硬幣的兩面，相輔相成。核心競爭力是企業內在的獨特優勢，涵蓋技術創新、產品品質、服務水準、管理模式等多個層面。品牌則是核心競爭力的外在呈現，它在消費者心中勾勒出企業的形象和價值認知。一個強大的品牌，就如同企業的堅實支柱，能為企業帶來持續的競爭優勢。

品牌不僅是一種符號，更是信任的象徵

品牌，是一個綜合性的概念，它涵蓋了企業的名稱、Logo、價值觀、產品或服務的品質、企業文化等多個方面。品牌不僅僅是一個符號，更是企業與消費者之間的一種契約、一種信任的象徵。

（一）品牌的內涵

1. 品牌名稱與 Logo

品牌名稱和 Logo 是品牌最直觀的表現形式。一個好的品牌名稱能夠簡潔明瞭地傳達企業的核心價值和特色，容易被消費者記住。而 Logo 則如同企業的面孔，透過獨特的設計和色彩，讓消費者留下深刻的印象。例如，蘋果的 Logo，一個簡潔的蘋果圖案，卻蘊含著創新、高級、時尚的品牌特質。

2. 產品或服務品質

產品或服務品質是品牌的核心。消費者購買產品或服務，最關心的是其品質是否可靠。一個品牌只有不斷提供高品質的產品或服務，才能贏得消費者的信任和忠誠度。例如，德國的汽車品牌以其精湛的工藝和卓越的品質在全世界享有盛譽。

3. 價值觀與企業文化

品牌的價值觀和企業文化是品牌的靈魂。一個具有正面價值觀和獨特企業文化的品牌，能夠吸引志同道合的消費者，增強品牌的凝聚力和影響力。

例如，星巴克的品牌價值觀強調「營造一種溫暖而有歸屬感的文化，欣然接納和歡迎每一個人」，這種價值觀吸引了眾多追求品質生活和社交經驗的消費者。

（二）品牌的價值

1. 經濟價值

品牌具有巨大的經濟價值。一個強大的品牌可以為企業帶來高額的利潤和持續的現金流。品牌能夠提升產品或服務的附加價值，使消費者願意為其付出更高的價格。例如，精品品牌 LV、Gucci 等，其產品價格遠遠高於同類普通品牌，但其依然擁有眾多忠實的消費者，這就是品牌經濟價值的展現。

2. 市場價值

品牌在市場競爭中具有重要的地位。一個知名品牌可以幫助企業在市場中脫穎而出，吸引更多的消費者和合作夥伴。品牌可以提升企業的市

占有率和競爭力，為企業的發展創造良好的市場環境。例如，可口可樂、百事可樂等品牌在飲料市場中占據著主導地位，其他品牌很難與之抗衡。

3. 社會價值

品牌還具有一定的社會價值。一個優秀的品牌可以為社會帶來正面的影響，如推動科技創新、促進文化交流、履行社會責任等。品牌可以成為社會進步的推動者和引領者，為社會的發展做出貢獻。

中小企業品牌經營的現狀與挑戰

中小企業是組成國民經濟的要素之一，在促進經濟成長、增加就業、推動創新等方面發揮著重要作用。然而，與大型企業相比，中小企業在品牌經營方面面臨著諸多挑戰。（詳見圖 4-3）

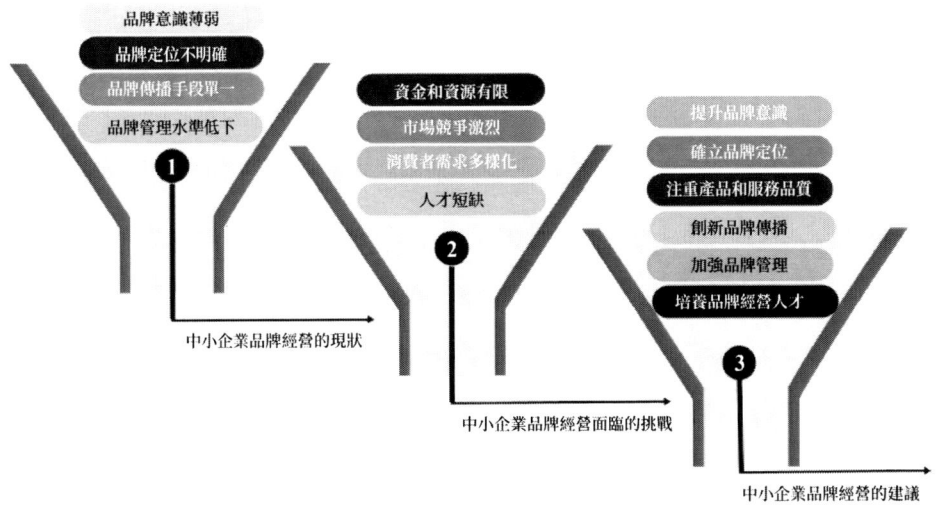

圖 4-3 中小企業品牌的發展策略

（一）中小企業品牌經營的現狀

1. 品牌意識薄弱

許多中小企業對品牌經營的重要性有錯誤的認知，認為品牌經營是大企業的事情，與自己無關。他們更注重短期的經濟效益，忽視了品牌經營對企業長遠發展的重要性。

2. 品牌定位不明確

中小企業在品牌定位方面往往缺乏清晰的思路，不知道自己的品牌應該面向哪些消費族群，提供什麼樣的產品或服務，具有什麼樣的品牌特色。這導致企業在市場競爭中缺乏明確的方向，難以形成獨特的品牌形象。

3. 品牌傳播手段單一

中小企業由於資金和資源的限制，在品牌傳播方面往往手法單一，主要依靠傳統的廣告宣傳和口碑傳播。這種傳播方式效果有限，難以涵蓋廣泛的消費族群，也難以在短時間內提升品牌知名度。

4. 品牌管理能力低下

中小企業在品牌管理方面缺乏專業的人才和經驗，往往沒有建立完善的品牌管理制度和流程。這導致企業在品牌經營過程中出現各種問題，如品牌形象不一致、品牌價值不明確、品牌傳播效果不佳等。

(二) 中小企業品牌經營面臨的挑戰

1. 資金和資源有限

中小企業通常面臨著資金和資源的短缺，難以投入大量的資金和人力進行品牌經營。這使得中小企業在品牌推廣、市場調查、產品研發等方面受到很大的限制。

2. 市場競爭激烈

中小企業所處的市場環境通常競爭激烈，面臨著來自大型企業和其他中小企業的雙重壓力。在這種情況下，中小企業要想在市場中脫穎而出，建立自己的品牌，難度非常高。

3. 消費者需求多樣化

隨著經濟的發展和消費者生活水準的提升，消費者的需求越來越多樣化和個性化。中小企業要想滿足消費者的需求，建立自己的品牌，需要不斷進行產品創新和服務創新，這對中小企業來說是一個巨大的挑戰。

4. 人才短缺

品牌經營需要專業的人才，如品牌規劃師、市場行銷人員、設計師等。然而，中小企業往往難以吸引和留住這些專業人才，這使得中小企業在品牌經營方面缺乏有力的支援。

中小企業品牌經營的建議

為了更容易理解品牌對企業的重要性以及中小企業如何進行品牌經營，我們以一家企業為例，剖析其品牌經營的成功之路。

這是一家專注於休閒食品的中小企業。在成立之初，公司面臨著諸多困難，如資金短缺、市場知名度低、產品競爭力不強等。然而，經過多年的努力，公司逐漸在市場中站穩了腳跟，成為了產業內的知名品牌。其成功的經驗主要有以下幾點。

第一，明確的品牌定位。在成立之初，他們就對市場進行了深入的調查，了解消費者的需求和競爭對手的情況。在此基礎上，公司確定了自己的品牌定位，即專注於為年輕消費者提供高品質、個性化的休閒食品。公司針對設定的主題打造出了一個可愛、時尚、充滿活力的品牌形象，深受年輕消費者的喜愛。

第二，優質的產品和服務。這家企業始終把產品和服務品質作為品牌經營的核心。公司投入大量的資金和人力進行產品研發和技術創新，不斷提升產品的品質和效能。同時，還注重客戶服務，建立了完善的客戶服務體系，及時回應客戶的需求和回饋，為客戶提供優質的服務。

第三，創新的品牌傳播。他們在品牌傳播方面採取了多種創新的手段。一方面，公司利用社群媒體、網路廣告等新興管道進行品牌推廣，擴大品牌的影響力。例如，在社群平臺上舉行各種互動活動，吸引了大量的粉絲關注。另一方面，他們還積極參加各種產業展會和活動，展示公司的產品和技術，提升公司的知名度。此外，他們還注重口碑傳播，透過提供優質的產品和服務，讓客戶成為公司的品牌代言人，為公司進行口碑宣傳。

第四，良好的品牌管理。該企業建立了完善的品牌管理制度和流程，對品牌的形象、價值、傳播等方面進行全面的管理。公司注重品牌形象的一致性，無論是產品包裝、廣告宣傳，還是客戶服務，都充分展

現了公司的品牌特色。同時，公司還定期對品牌進行評估和調整，根據市場變化和客戶需求，不斷改良品牌策略，保持品牌的競爭力。

透過對品牌的內涵與價值分析，我們可以得出以下中小企業品牌經營的建議：

1. 提升品牌意識

中小企業要充分意識到品牌經營對企業長遠發展的重要性，將品牌經營納入企業的策略規劃中。企業領導者要樹立正確的品牌觀念，帶頭推動品牌經營，營造良好的品牌經營氛圍。

2. 確立品牌定位

中小企業要根據自身的特點和市場需求，確定明確的品牌定位。品牌定位要具有獨特性、針對性和可行性，能夠滿足目標客群的需求，與競爭對手形成差異化競爭。

3. 注重產品和服務品質

產品和服務品質是品牌的核心，中小企業要始終把產品和服務品質放在首位。企業要擴大對產品研發和技術創新的投入，不斷提升產品的品質和效能。同時，要注重客戶服務，建立完善的客戶服務體系，及時回應客戶的需求和回饋，為客戶提供優質的服務。

4. 創新品牌傳播

中小企業要結合自身的實際情況，創新品牌傳播手段。可以利用社群媒體、網路廣告、內容行銷等新興管道進行品牌推廣，擴大品牌的影響力。同時，要注重口碑傳播，透過提供優質的產品和服務，讓客戶成為企業的品牌代言人，為企業進行口碑宣傳。

5. 加強品牌管理

中小企業要建立完善的品牌管理制度和流程，對品牌的形象、價值、傳播等方面進行全面的管理。要注重品牌形象的一致性，保持品牌的核心價值不變。同時，要定期對品牌進行評估和調整，根據市場變化和客戶需求，不斷改良品牌策略，保持品牌的競爭力。

6. 培養品牌經營人才

品牌經營需要專業的人才，中小企業要注重培養和引進品牌經營人才。

可以透過內部培訓、外部招募等方式，提升企業員工的品牌經營意識和能力。同時，要為品牌經營人才提供良好的發展空間和待遇，吸引和留住優秀的人才。

總之，品牌是企業的命脈，只有品牌才可以養活企業一輩子。中小企業要充分意識到品牌經營的重要性，明確品牌定位，注重產品和服務品質，創新品牌傳播，加強品牌管理，培養品牌經營人才，打造出具有強大競爭力的品牌，為企業的長遠發展奠定堅實的基礎。

企業最偉大的核心競爭力是執行力

「千里之行，始於足下；九層之臺，起於累土。」在商業的廣袤天地中，企業恰似一艘艘逐浪前行的艦船，而決定這些艦船能否在洶湧澎湃的市場海洋中成功抵達輝煌彼岸的關鍵要素，正是執行力。執行力，並非簡單的行動，而是將策略精準實現的能力，是把夢想轉化為現實的關鍵力量。

當其他企業還在為策略的制定而沾沾自喜時，執行力強的企業早已踏上征程。他們不拖泥帶水，不猶豫不決，以雷厲風行之勢將每一個決策付諸實踐。就如同一場激烈的競賽，執行力就是那決定勝負的最後衝刺。它能讓企業在瞬息萬變的市場中迅速反應，搶占先機；能讓企業的營運效率提升且有條理，減少內部消耗；更能激發企業的創新活力，將奇思妙想變為實實在在的價值。

特斯拉，這家全球矚目的電動車製造商，以其創新的技術、高級的品牌形象和對永續能源的堅定追求，展現出了強大的核心競爭力。而這背後，離不開特斯拉卓越的執行力。從研發創新的電動車技術到建設全球超級充電站布局，從高效的生產製造到強大的市場推廣，特斯拉的每一個環節都如同精準運轉的齒輪，完美地展現了執行力的力量。

執行力對於企業的重要意義，猶如生命對於人體一般不可或缺。

首先，執行力確保策略規劃的落實。企業的策略規劃如同宏偉的藍圖，為企業的發展指明了方向。然而，只有透過強大的執行力，才能將這張藍圖轉化為實際的行動和成果。特斯拉從成立之初，就懷揣著推動全球向永續能源轉型的偉大使命，明確了自己的策略目標。為了實現這一目標，特斯拉制定了詳細的策略規劃，包括研發高效能的電動車、建設全球超級充電站網路、發展太陽能和儲能業務等。而特斯拉的團隊以鋼鐵般的

第四章　競爭力之刃—策略聚焦的尖端所在

意志嚴格按照策略規劃執行，確保每一個環節都能夠被照實實施。

例如，在研發電動車技術方面，特斯拉投入了大量的資金和人力。其研發團隊如同不知疲倦的創新引擎，不斷推出具有高效能、長程續行和先進自動駕駛技術的電動車。這些創新成果並非偶然，而是特斯拉團隊憑藉強大的執行力，夜以繼日地攻克技術難題的結晶。同時，特斯拉積極建設全球超級充電站，為使用者提供便捷的充電服務。從選址到建設，從營運到維護，每一個步驟都反映了特斯拉團隊的高效率執行能力。正是這種強大的執行力，讓特斯拉成功地將自己的策略規劃轉化為實際的行動和成果，成為了全球電動車市場的領導者。

其次，執行力能夠提升企業的營運效率。在當今快速變化的市場環境中，企業如同在激流中前行的船隻，需要不斷地調整自己的航向，以適應市場的變化。而一個具有強大執行力的企業，能夠迅速將這些調整化為實際的行動，提升企業的營運效率。

特斯拉在面對市場變化時，展現出了驚人的靈活性和反應速度。例如，在全球疫情爆發期間，整個汽車產業都面臨著巨大的挑戰。供應鏈中斷、市場需求下降等問題接踵而至。然而，特斯拉迅速調整了生產計畫，加強了供應鏈管理，確保了生產不中斷。同時，特斯拉還加快了線上銷售通路的建置，提升了銷售效率和服務品質。這些措施並非一蹴可幾，而是特斯拉團隊憑藉強大的執行力，迅速做出決策並付諸行動的結果。透過強大的執行力，特斯拉能夠在市場變化中迅速做出反應，提升了企業的營運效率。

最後，執行力能夠增強企業的競爭力。在當今激烈的市場競爭中，企業如同在戰場上拚殺的戰士，需要不斷地推出新的武器和戰術，以戰勝對手。

而一個具有強大執行力的企業，能夠迅速將這些新產品和服務推向

市場，贏得消費者的青睞。

特斯拉以其創新的技術和高階的品牌形象，不斷推出新的車型和功能，滿足消費者的需求。

例如，特斯拉推出的 Model S、Model X、Model 3 和 Model Y 等車型，在效能、設計和智慧化方面都具有領先優勢。這些車型的成功推出，離不開特斯拉團隊的強大執行能力。從設計到研發，從生產到銷售，每一個環節都緊密配合，確保了新產品能夠按時上市。同時，特斯拉還不斷升級其自動駕駛技術，為使用者提供更加安全和便捷的駕駛感受。這種強大的執行力，讓特斯拉能夠迅速將這些新產品和服務推向市場，增強了企業的競爭力。

那麼，如何提升企業的執行力呢？（詳見圖 4-4）

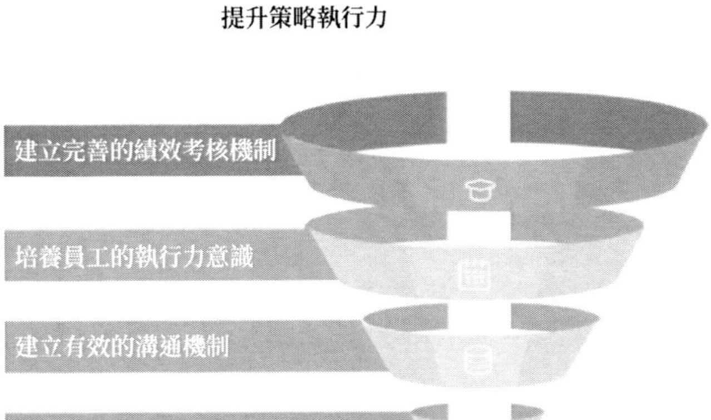

提升策略執行力

建立完善的績效考核機制

培養員工的執行力意識

建立有效的溝通機制

明確目標和任務

圖 4-4 提升策略執行力的策略

其一，確立目標和任務。企業要提升執行力，首先要確立自己的目標和任務。目標和任務應該是具體、可量化、可實現、相關聯和有時限的（SMART 原則）。只有確立了目標和任務，企業才能制定詳細的行動計畫，確保每一個環節都能夠被確實執行。

第四章　競爭力之刃—策略聚焦的尖端所在

　　特斯拉在明確目標和任務方面做得非常出色。例如，在建置全球超級充電站時，特斯拉確立了具體的目標和任務，即在全世界建置一定數量的超級充電站，為使用者提供便捷的充電服務。然後，特斯拉的團隊根據這個目標和任務，制定了詳細的行動計畫，包括選址、建置、營運等各個環節。透過確立目標和任務，特斯拉能夠更加有針對性地進行工作，提升執行力。

　　其二，建立有效的溝通機制。溝通是企業內部合作的關鍵環節，只有透過有效的溝通，企業才能確保各個部門和員工之間能夠協調一致地推動各項工作。企業可以透過建立定期的會議制度、使用溝通工具等方式，加強內部溝通，提升工作效率。

　　特斯拉非常注重建立有效的溝通機制。例如，特斯拉的團隊使用了多種溝通工具，如即時通訊軟體、專案管理工具等，加強內部溝通。同時，特斯拉還定期召開會議，總結工作進展，協調解決問題。透過建立有效的溝通機制，特斯拉的團隊能夠更加高效地推進任務，提升執行力。

　　其三，培養員工的執行力意識。員工是企業執行力的主體，只有員工具備了強大的執行力意識，企業才能真正實現高效運作。企業可以透過培訓、激勵等方式，培養員工的執行力意識，提升員工的工作積極性和主動性。

　　特斯拉透過培訓和激勵等方式，培養員工的執行力意識。例如，特斯拉為員工提供了豐富的培訓課程，包括技術培訓、管理培訓、職涯發展規劃等多個方面。這些培訓課程不僅提升了員工的專業技能，還培養了員工的團隊合作精神和執行力意識。同時，特斯拉還透過激勵機制，鼓勵員工積極主動地為企業發展貢獻力量。這種激勵機制激發了員工的工作熱情和創造力，提升了員工的執行力。

其四，建立完善的績效考核機制。績效考核是企業激勵員工的重要方法，只有透過建立完善的績效考核機制，企業才能確保員工能夠按照要求完成工作任務，提升執行力。企業可以透過制定明確的績效考核指標、定期進行績效考核等方式，加強對員工的考核和激勵。

特斯拉建立了完善的績效考核機制。例如，特斯拉的團隊制定了明確的績效考核指標，如銷售業績、客戶滿意度、產品品質等。然後，特斯拉定期對員工進行績效考核，根據考核結果進行獎勵和懲罰。這種績效考核機制不僅刺激了員工對工作的積極度，還提升了員工的工作品質和效率，從而提升了企業的執行力。

在未來的商業世界中，執行力將成為企業競爭的核心要素。只有擁有強大執行力的企業，才能在激烈的市場競爭中立於不敗之地，實現長期穩定的發展。

第四章　競爭力之刃—策略聚焦的尖端所在

只有學會與狼共舞，才能求得生存

在當今複雜多變的商業世界中，企業猶如置身於一片充滿挑戰與機遇的殘酷叢林。這裡沒有溫室的庇護，只有激烈的競爭與生存的考驗。若想在這血雨腥風的商業世界立足，企業就必須具備與狼對峙的勇氣和智慧。

商業叢林的殘酷現實

商業世界的競爭環境，其殘酷性猶如大自然的生存法則，適者生存，不適者淘汰。在當今全球化的時代，企業面臨著來自世界各地的眾多強大對手的挑戰。這些競爭對手擁有先進的技術、豐富的資源，以及成熟的市場經驗，如同裝備精良的獵手，讓眾多企業在競爭的叢林中舉步維艱。

全球化的浪潮使得市場邊界變得模糊，企業不僅要與本土企業競爭，還要在國際舞臺上與跨國大型企業一較高下。技術的飛速發展更是加劇了競爭的激烈程度，新的商業模式和創新產品不斷湧現，稍有不慎，企業就可能被市場淘汰。

以影音產業為例，某知名影音平臺在誕生之初，就置身於這樣一個充滿挑戰的市場。一方面，傳統影音網站早已占據大片市場，它們憑藉雄厚的資金、豐富的內容資源和龐大的使用者族群，猶如一座座難以踰越的高山，橫亙在新生平臺面前。這些傳統影音網站在內容採購、製作和推廣方面有著深厚的經驗累積，能夠提供各種熱門影視劇、綜藝節目等，吸引了大量使用者。另一方面，新興短影音平臺迅速崛起，它們以簡潔、快速的內容傳播方式，如同疾風一般席捲而來，吸引了大量年輕使用者。這些短影音平臺的使用者成長速度驚人，其獨特的內容形式和社交互動模式，對新興平臺帶來了巨大的壓力。此外，還有各種國際性的影音平臺，它們擁有全球化的品牌影響力和先進的技術，構成了一定的威脅。

在如此嚴峻的競爭環境下，新興的影音平臺隨時都有可能被狼群吞噬。然而，這間年輕的新興影音平臺並沒有被恐懼所籠罩，而是勇敢地邁出了與狼共舞的步伐。

與狼共舞的深刻內涵

與狼共舞，意味著隨時保持警惕，洞察對手的每一個動作，預判其下一步的攻擊方向。在商業叢林中，企業必須密切關注競爭對手的動態，了解他們的產品策略、市場推廣手段以及技術創新方向。只有這樣，企業才能在對手發起攻擊之前做好充分的準備，及時調整自己的策略，以敏捷的身手和果斷的決策與之周旋。

同時，與狼共舞也要求企業不斷提升自身實力，打磨自己的尖牙利爪，讓自己成為更強大的存在。這包括技術創新、產品改良、服務提升，以及管理升級等多個面向。只有不斷提升自身實力，企業才能在激烈的競爭中脫穎而出，贏得市場占有率和使用者的青睞。

只有這樣，企業才能在這場殘酷的生存遊戲中笑到最後，在與狼共舞中求得真正的生存。與狼共舞並非是一種無奈的選擇，而是有著深刻的必要性。它能夠激發企業的創新活力，提升企業的管理能力，拓展企業的市場空間。

影音平臺的與狼共舞之道

（一）激發創新活力

1. 打造獨特內容生態系統

該影音平臺以二次元文化為核心，打造了一個獨特的內容生態系統。這個生態系統就像是一個充滿奇幻色彩的魔法世界，使用者不僅可以

觀看各種動畫、遊戲、影視等內容，還可以親身參與內容的創作和分享。例如，使用者可以透過上傳自己製作的影片，展現自己的才華和創意。

這種獨特的內容生態系統，吸引了大量年輕使用者，他們在這裡找到了屬於自己的一片天地。這些年輕使用者充滿活力和創造力，他們的參與為該影音平臺帶來了強大的使用者黏著度。透過使用者的創作和分享，平臺的內容不斷豐富和更新，形成了良性循環。

2. 不斷推出新功能和服務

他們還不斷推出新的功能和服務，如同一位不斷創造驚喜的魔術師，滿足了使用者的多樣化需求。這些創新功能，讓它在激烈的競爭中始終保持著領先的地位，成為了年輕使用者心目中的創新先鋒。

（二）提升管理能力

1. 扁平化管理結構

該影音平臺在與競爭對手的競爭中，不斷改良自己的管理模式。扁平化的管理結構，就像一條暢通無阻的高速公路，減少了管理層級，提升了決策效率。

在這個快速變化的網路時代，決策的速度往往決定著企業的生死存亡。扁平化的管理結構，使得決策能夠迅速傳達和執行，讓企業能夠更加靈活地應對市場變化。

2. 完善績效考核體系和激勵機制

同時，他們還建立了完善的績效考核體系和激勵機制，就像一顆強大的動力引擎，激發了員工的工作積極度和創造力。

績效考核體系能夠客觀地評價員工的工作表現，為員工的晉升和獎

勵提供依據。激勵機制則透過股權分紅等方式，讓員工成為企業的主人，共同分享企業的發展成果。這種激勵機制不僅提升了員工的忠誠度，也為企業的長期發展注入了強大的動力。

3. 注重與使用者的互動和溝通

該影音平臺注重與使用者的互動和溝通，就像一座堅固的橋梁，連接了企業與使用者。透過使用者回饋，能夠及時了解使用者的需求和意見，不斷改進自己的產品和服務。

這種以使用者為中心的管理模式，讓它在激烈的競爭中贏得了使用者的信任和支持，成為了使用者心中的貼心夥伴。

（三）拓展市場空間

1. 積極拓展國際市場

地區型市場的成功並沒有讓該影音平臺滿足於現狀，而是積極拓展國際市場。透過與國際的製作公司、開發商等合作，引進了大量優質內容，滿足了國際使用者的需求。同時，也將當地的優質作品推向國際市場。

2. 涉足多領域發展

該影音平臺還涉足了遊戲、電商、實體活動等領域，就像一位勇敢的探險家，不斷探索新的未知領域。

遊戲領域的發展，為使用者提供了更多的娛樂選擇。電商領域的開拓，讓使用者可以購買到各種周邊產品，使內容與商業有效結合。實體活動的舉辦，增強了使用者的實體互動和經歷，進一步提升了使用者黏著度。

這些措施，讓它的業務範圍不斷擴大，市場競爭力不斷提升。

第四章　競爭力之刃—策略聚焦的尖端所在

與狼共舞的策略對中小企業的啟示

（一）確立自己的核心競爭力

1. 該影音平臺的核心競爭力分析

該影音平臺的核心競爭力在於其獨特的內容生態系統和強大的使用者黏著度。

二次元文化是它的靈魂，它為使用者打造了一個充滿夢想和熱情的世界。在這裡，使用者可以找到志同道合的夥伴，共同分享對二次元文化的熱愛。

這種獨特的內容生態系統，是它在激烈競爭中立足的根本。同時，該影音平臺注重技術創新和使用者感受，不斷推出新的功能和服務，提升使用者的滿意度。例如，在影片播放技術方面，不斷改良播放畫質和流暢度，為使用者帶來更好的觀影感受。這些技術創新和使用者經驗的提升，進一步增強了核心競爭力。

2. 中小企業如何確立核心競爭力

對於中小企業而言，確立自己的核心競爭力極為重要。首先，企業需要深入分析自身的優勢和劣勢，找出自己在市場中的獨特價值。這可能是獨特的產品設計、優質的客戶服務、高效的製程或者創新的商業模式等。

其次，企業要不斷強化自己的核心競爭力，透過持續的投入和創新，確保自己在核心領域始終保持領先地位。同時，企業也要注重保護自己的核心競爭力，防止被競爭對手模仿和抄襲。

(二) 學習競爭對手的長處

1. 該影音平臺學習之路

該影音平臺在與競爭對手的競爭中，不斷學習傳統影音網站的內容採購和製作經驗，豐富自己的內容資源。傳統影音網站在電視劇、綜藝節目等方面有著豐富的製作經驗和資源，透過學習這些經驗，讓它不斷提升自己的內容品質和製作水準。

同時，他們還學習新興短影音平臺的內容傳播方式和使用者互動模式，提升自己的使用者活躍度。短影音平臺簡潔、快速的內容傳播方式和強大的社交互動功能，為其提供了借鑑。平臺推出的短影音功能，就是學習競爭對手長處的成果之一。

此外，他們還學習國際影音平臺的全球化策略和品牌經營經驗，積極拓展國際市場，提升自己的影響力。國際影音平臺在全球化布局和品牌經營方面有著豐富的經驗，透過學習這些經驗，不斷完善自己的國際化策略，提升自己的品牌形象。

2. 中小企業如何學習競爭對手長處

中小企業要善於學習競爭對手的長處，透過分析競爭對手的成功經驗，找出自己可以借鑑的地方。可以從產品設計、市場行銷、客戶服務、管理模式等多個方面進行學習。

同時，中小企業要保持開放的心態，積極與競爭對手進行交流和合作。

在合作中，雙方可以實現資源共享、優勢互補，共同開拓市場。此外，中小企業還要不斷創新，在學習競爭對手長處的基礎上，結合自身實際情況，進行創新和改進，形成自己獨特的優勢。

（三）創新自己的業務模式

中小企業要勇於創新自己的業務模式，不斷探索新的市場機會和商業模式。可以透過技術創新、產品創新、服務創新等方式，滿足使用者不斷變化的需求。

同時，中小企業要注重使用者經驗，以使用者為中心進產業務模式創新。透過深入了解使用者需求和核心需求，為使用者提供更加個性化、便捷化的產品和服務。此外，中小企業還要加強與合作夥伴的合作，共同創造新的業務模式，實現互利雙贏。

（四）積極應對挑戰

1. 面臨的挑戰及應對措施

然而，與狼共舞並非一帆風順，該影音平臺也面臨著諸多挑戰。技術創新的壓力、人才競爭的壓力和市場變化的壓力，如同三座大山壓在它的身上。

在技術創新方面，競爭對手不斷推出新的技術和產品，對它構成了威脅。為了應對這樣的挑戰，必須不斷加大技術研發投入，提升自己的技術創新能力。在播放技術、直播技術、互動技術等方面，要不斷追求卓越，為使用者提供更加優質的觀看感受。同時，加強與外大學、研究機構的合作，共同推動技術創新研究，為與狼共舞提供強大的技術支援。

在人才競爭方面，競爭對手往往會透過高薪、良好的福利待遇等方法吸引人才，對新創企業構成威脅。為了吸引和留住優秀人才，要建立完善的人才培養和獎勵機制。建立完善的人才培養體系，為員工提供廣闊的發展空間，讓他們能夠不斷提升自己的能力和水準。透過股權獎勵

等方式，刺激員工為公司的發展貢獻力量。此外，注重企業文化建立，營造出積極向上、充滿活力的工作氛圍，吸引大量優秀人才加入。

在市場變化方面，市場需求的變化、政策法規的調整等因素都可能對其發展產生影響。為了應對這一挑戰，企業要密切關注市場變化，及時調整自己的策略和業務模式。密切關注市場需求的變化，及時推出新的產品和服務，滿足使用者的需求。

2. 中小企業應對挑戰的策略

中小企業在與狼共舞的過程中，也會面臨各種挑戰。對於技術創新的壓力，中小企業要加大研發投入，積極引進先進技術，與大學、研究機構合作，提升自身的技術創新能力。

在人才競爭方面，中小企業要建立完善的人才培養和獎勵機制，提供有競爭力的薪酬和福利待遇，營造良好的企業文化，吸引和留住優秀人才。

對於市場變化的壓力，中小企業要密切關注市場動態，及時調整策略和業務模式，滿足市場需求。同時，要積極關注政策法規的調整，確保企業的合法經營。

商業叢林充滿挑戰，但也蘊含著無限機遇。企業只要勇敢地邁出與狼共舞的步伐，不斷提升自身實力，就一定能夠在這片殘酷的叢林中找到屬於自己的生存之道，實現自己的價值和夢想。

第四章　競爭力之刃—策略聚焦的尖端所在

避免競爭的唯一方法是從一個極致走向另一個極致

當企業在一個領域做到極致時，就如同登上了一座高峰，但這並不是終點。而是要勇敢地邁向另一座更高的山峰，在新的領域再次挑戰極限。只有這樣，企業才能在競爭的洪流中脫穎而出，成為引領產業趨勢的佼佼者。在這個過程中，企業需要有堅定的信念和無畏的勇氣。面對困難和挑戰，不能退縮，不能妥協。要以破釜沉舟的決心，向著極致的目標奮勇前行。因為只有不斷超越自我，從一個極致走向另一個極致，企業才能在激烈的競爭中立於不敗之地，開創屬於自己的輝煌未來。

在這個全球化的時代，企業所面臨的競爭對手不僅數量眾多，而且實力強大。這些競爭對手擁有先進的技術、豐富的資源以及成熟的市場經驗，他們就像一群凶猛的野獸，隨時準備著撲向那些稍顯弱小的獵物。

一家消費型電子製造商在成立之初，便深刻地感受到了這種競爭的壓力。當時的手機市場，已經被蘋果、三星等國際大型企業牢牢占據。這些競爭對手在技術、品牌、通路等方面都有著強大的優勢，讓初出茅廬的企業彷彿置身於一座難以踰越的高山面前。蘋果以其卓越的設計和強大的品牌影響力，成為了高階手機市場的霸主；三星則憑藉著其完整的產業鏈和豐富的產品線，在全球市場占據著重要地位。面對這些強大的競爭對手，這家製造商在成立之初的確面臨著巨大的壓力。

然而，壓力並沒有讓它退縮，反而激發了它的鬥志。它勇敢地迎接挑戰，踏上了一條追求極致的艱難之路。那麼，它是如何從一個極致走向另一個極致的呢？

在技術創新方面,它堅持極致追求。技術創新是企業發展的核心動力,也是企業追求極致的重要途徑。該製造商不斷擴大技術創新投入,提升技術創新能力,力求在技術創新方面達到極致。例如,不斷投入研發資源在手機拍照技術上,推出了一系列創新的拍照功能。從高解析度攝影機到出色的夜景模式,再到軟體功能的加入,為使用者帶來了更加出色的拍照經驗。同時,它在人工智慧技術方面也進行了大量的研發投入。其智慧語音助手不僅可以回答使用者的問題,還可以控制智慧家居設備、播放音樂、查詢天氣等,為使用者的生活帶來了極大的便利。透過不斷追求技術創新的極致,它為自己的產品賦予了強大的競爭力。

在產品品質方面,該製造商嚴格管控每一個環節。產品品質是企業的命脈,也是企業追求極致的重要展現。它建立了嚴格的品質控制體系,從產品的設計、研發、生產到銷售,都進行了嚴格的品質把關。在產品設計階段,則充分考慮使用者的需求和使用情境,力求設計出既美觀又實用的產品。在研發階段,他們進行了大量的測試和改良,確保產品的效能和穩定性。在生產階段嚴格按照國際標準進行生產,對每一個零組件都進行了嚴格的品質檢測。在銷售階段,建立了完善的售後服務體系,及時解決使用者在使用產品過程中遇到的問題。透過嚴格控制產品品質的每一個環節,確保每一款產品都達到了高品質的標準。

在使用者經驗方面,該製造商始終以使用者為中心。使用者經驗是企業贏得市場的關鍵因素,也是企業追求極致的重要目標。他們非常注重使用者經驗,不斷進行改善。例如,不斷改良簡潔、容易操作的作業系統,為使用者帶來更加流暢的使用感受。同時,還透過不斷收集使用者的回饋意見,對產品進行精進。

該製造商的極致之路並非一帆風順,它也面臨著諸多挑戰。

技術創新的難度不斷增加,是他們面臨的一個重要挑戰。隨著科技

的不斷進步,技術創新的難度也在不斷增加。企業要想在技術創新方面達到極致,需要投入大量的資金和人力,同時還需要具備強大的技術研發能力和創新能力,這讓企業在技術創新方面面臨著巨大的挑戰。為了應對這些挑戰,該製造商不斷擴大技術創新投入,吸引了眾多優秀的技術人才加入公司。同時,它還加強了與大學、研究機構的合作,共同進行技術創新研究。此外,還建立了完善的技術創新獎勵機制,鼓勵員工積極參與技術創新,為公司的發展貢獻力量。

產品品質的控制難度增加,也是企業需要面對的挑戰之一。隨著消費者對產品品質的要求越來越高,產品品質的把關難度也在不斷增加。企業要想在產品品質方面達到極致,需要建立嚴格的品質控制體系,同時還需要加強對供應商的管理,確保原物料的品質。為了應對這些挑戰,該製造商建立了嚴格的品質控制體系,從產品的設計、研發、生產到銷售,都進行了嚴格的品質管控。同時,還加強了對供應商的管理,與供應商建立了長期穩定的合作關係,確保原物料的品質。

此外,他們還建立了產品品質溯源體系,一旦發現產品品質問題,可以及時追溯到問題的源頭,採取有效的措施進行解決。

使用者需求的變化難以預測,也是它面臨的挑戰之一。隨著市場的不斷變化,使用者的需求也在不斷變化。企業要想在使用者經驗方面達到極致,需要不斷了解使用者的需求,及時調整產品和服務,滿足使用者的需求。為了應對這些挑戰,該製造商建立了完善的使用者回饋機制,透過使用者社群、客服專線、問卷調查等方式,及時了解使用者的需求和回饋意見。同時,他們還加強了對市場的調查和分析,了解市場的動態和趨勢,及時調整產品和服務,滿足使用者的需求。

在當今競爭激烈的商業世界中,「策略的刀尖是核心競爭力」,而「避免競爭的唯一方法是從一個極致走向另一個極致」。

企業要想在激烈的競爭中生存和發展，就必須不斷追求極致，從技術創新、產品品質、使用者經驗等方面入手，不斷提升自己的核心競爭力。同時，企業還要積極應對從一個極致走向另一個極致面臨的挑戰，對技術創新擴大投入，嚴格控制產品品質，及時了解使用者需求，為使用者提供更加極致的產品和服務。

第四章　競爭力之刃─策略聚焦的尖端所在

第五章
企業家進化論 —— 策略家應具備的特質

　　在商業的殘酷叢林中，真正的企業家，如火山爆發般具有摧毀與重塑力量的獨特稟賦。他們能於混沌中勾勒藍圖，在亂局裡開闢新徑。當眾人在迷途中徘徊，擁有策略家特質的企業家已如巨人崛起，是商業征程的領航者，在風雲變幻中鑄就不朽傳奇。

第五章　企業家進化論─策略家應具備的特質

當代企業成功管理者特質之一：強烈成功欲望

在當代的商業狂潮中，企業管理者絕非平庸之輩，他們要在詭譎多變的市場中，充當企業破浪前行的強力舵手。對成功擁有強烈渴望、說做就做的特質、敢硬碰硬和能堅持、追求務實和解決問題、願意延遲滿足，以及成為深度學習的機器，這些特質能夠幫助管理者在複雜多變的環境中做出正確的決策，帶領企業不斷創新、發展和壯大。（詳見圖5-1）

有一間人工智慧技術公司，自成立以來便在相關領域取得了顯著成果。從最初的語音技術研發到如今的人工智慧完整產業鏈布局，該企業在技術創新、市場拓展、品牌經營等方面皆有亮眼的表現。其成功離不開其優秀的管理團隊。這些管理者們具備當代企業成功管理者的特質，帶領公司在激烈的市場競爭中不斷前行，為人工智慧產業的發展做出了重要貢獻。

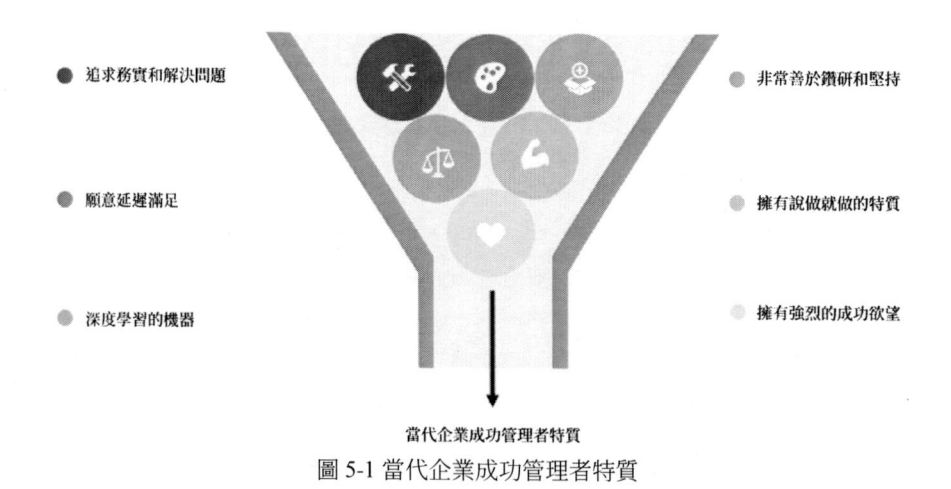

圖 5-1 當代企業成功管理者特質

當代企業成功管理者特質之一：擁有強烈的成功欲望

（一）強烈成功欲望的表現

1. 目標明確

這間人工智慧技術公司的管理者們有著明確的企業發展目標，即成為全球領先的人工智慧企業。他們將這一目標貫穿於各項決策和行動中，為公司發展指明了方向。

2. 自我驅動力強

管理者們具有強烈的自我驅動力，不斷追求卓越。他們不滿足於現狀，積極探索新的技術和業務領域，為企業的發展注入了源源不斷的動力。

3. 勇於挑戰

面對激烈的市場競爭和技術挑戰，該企業的管理者們勇於挑戰自我，勇於嘗試新的商業模式和技術創新。他們不怕失敗，在不斷嘗試中累積經驗，推動企業不斷向前發展。

（二）強烈成功欲望的重要性

1. 激發團隊潛力

管理者強烈的成功欲望能夠激發團隊成員的潛力，使他們更加積極地投入工作，形成一種積極向上的企業文化，激勵著大家為實現企業目標而共同努力。

2. 推動企業創新

強烈的成功欲望促使管理者不斷尋求創新，為企業帶來新的發展機遇。在技術研發、產品創新、市場拓展等方面不斷探索，推動企業的持續發展。

3. 增強企業競爭力

擁有強烈成功欲望的管理者能夠帶領企業在激烈的市場競爭中脫穎而出，提升企業的競爭力。憑藉其在人工智慧領域的技術優勢和創新能力，在該產業中名列前茅。

當代企業成功管理者特質之二：說做就做

（一）說做就做的表現

1. 決策果斷

這間人工智慧技術公司的管理者們在面對市場機遇和挑戰時，能夠迅速做出決策，說做就做。他們不拖泥帶水，勇於承擔風險，為企業的發展贏得了先機。

2. 行動迅速

一旦做出決策，管理者們便立即採取行動，組建團隊實施計畫。他們注重效率，以最快的速度將決策轉化為實際行動，推動企業的發展。

3. 勇於嘗試

說做就做的特質還展現在勇於嘗試新的事物上。它的管理者們勇於嘗試新的技術、新的業務模式和新的市場領域，為企業的發展開闢了新的道路。

（二）說做就做的重要性

1. 抓住市場機遇

在快速變化的市場環境中，機遇稍縱即逝。擁有說做就做的特質的管理者能夠迅速抓住市場機遇，為企業帶來新的發展機遇。在看到商機的早期，就果斷投入大量資源進行研發，搶占市場先機。

2. 提升企業效率

說做就做的管理者能夠提升企業的決策效率和運作效率，使企業在競爭中處於優勢地位。如此一來可以及時回應市場需求，提升企業的市場競爭力。

3. 培養團隊執行力

管理者說做就做的特質能夠培養團隊的執行力，使團隊成員養成高效率工作的習慣，積極行動，為實現企業目標而共同努力。

當代企業成功管理者特質之三：敢硬碰硬和能堅持

(一) 硬碰硬和堅持的表現

1. 對目標的執著

該企業的管理者們對企業的發展目標有著執著的追求，不輕易放棄。他們在面對困難和挫折時，始終堅持自己的信念，為實現企業目標而不懈努力。

2. 克服困難的勇氣

在企業發展過程中，管理者們會遇到各式各樣的困難和挑戰。管理者們具有克服困難的勇氣，勇於面對挑戰，不退縮、不放棄。

3. 長期投入的決心

硬碰硬和堅持還展現在長期投入上。企業在技術研發、人才培養、市場拓展等方面進行長期投入，為永續發展奠定了扎實的基礎。

(二) 硬碰硬和堅持的重要性

1. 推動企業長期發展

企業的發展需要長期的努力和堅持。管理者的鑽研和堅持能夠帶領企業克服各種困難和挑戰，讓企業得以長期發展。

2. 培養團隊凝聚力

　　管理者的硬碰硬和堅持的態度能夠感染團隊成員,培養團隊的凝聚力,共同面對困難,齊心協力為實現企業目標而努力。

3. 樹立企業品牌形象

　　長期的硬碰硬和堅持能夠樹立企業的品牌形象,贏得客戶和市場的認可。

當代企業成功管理者特質之四：追求務實和解決問題

(一) 追求務實和解決問題的表現

1. 關注實際效果

注重實際效果，不追求形式主義。在制定決策和實施計畫時，始終以實際效果為導向，確保企業的各項工作能夠取得實際成果。

2. 善於分析問題

善於分析問題能夠迅速找出問題的根源，並提出有效的解決方案。不迴避問題，而是積極面對問題，努力解決問題。

3. 注重細節

追求務實的管理者們注重細節，從細節入手，不斷改良企業的各項業務。關注產品品質、服務品質、管理效率等方面的細節，為企業的發展提供堅實的保障。

(二) 追求務實和解決問題的重要性

1. 提升企業效益

追求務實和解決問題能夠幫助企業提升效益，降低成本。管理者們透過關注實際效果，改良企業的各項業務，提升企業的營運效率和盈利能力。

2. 增強企業競爭力

善於解決問題的管理者能夠帶領企業在競爭中不斷進步，提升企業的競爭力。透過不斷解決技術難題、市場問題和管理問題，推動企業的持續發展。

3. 建立良好的企業形象

務實的企業形象能夠贏得客戶和市場的信任，為企業的發展創造良好的外部環境。憑藉其務實的工作作風和解決問題的能力，樹立起良好的企業形象。

當代企業成功管理者特質之五：願意延遲滿足

（一）延遲滿足的表現

1. 著眼長遠利益

該企業的管理者們著眼於企業的長遠利益，不被短期利益所誘惑。他們在制定決策和實施計畫時，考慮的是企業的長期發展，而不是眼前的利益。

2. 持續投入和累積

管理者們願意為企業的長期發展持續投入和累積。他們在技術研發、人才培養、品牌經營等方面進行長期投入，為企業的未來發展奠定基礎。

3. 克制短期欲望

延遲滿足還表現在克制短期欲望上在面對市場誘惑時，能夠保持冷靜，不盲目追求短期利益，而是堅持企業的發展策略。

（二）延遲滿足的重要性

1. 實現企業永續發展

願意延遲滿足的管理者能夠帶領企業實現永續發展。他們注重長期規劃和持續投入，為企業的未來發展累積實力，為企業的永續發展奠定了堅實的基礎。

2. 培養團隊的耐心和毅力

管理者的延遲滿足能夠培養團隊的耐心和毅力，使團隊成員更加注重長期目標的實現，團隊成員在管理者的影響下，養成了著眼長遠、腳踏實地的工作風氣。

3. 提升企業的抗風險能力

延遲滿足的企業在面對市場波動和風險時，具有更強的抗風險能力。透過長期規劃和持續投入，使企業在市場競爭中更加穩健。

當代企業成功管理者特質之六：深度學習的機器

(一) 深度學習的表現

1. 持續學習的態度

該企業的管理者們具有持續學習的態度，不斷更新自己的知識和技能。他們關注產業動態和技術發展趨勢，積極參加各種培訓和學習活動，提升自己的綜合能力。

2. 善於總結經驗

管理者們善於總結經驗，從失敗中記取教訓，從成功中總結經驗。他們透過不斷總結和反思，提升自己的管理能力和決策能力。

3. 推動團隊學習

深度學習的管理者們還注重推動團隊學習，營造良好的學習氛圍。他們鼓勵團隊成員不斷學習和進步，為企業的發展提供智力支持。

(二) 深度學習的重要性

1. 適應市場變化

在快速變化的市場環境中，管理者只有不斷學習，才能適應市場變化，做出正確的決策。透過持續學習，及時了解產業動態和技術發展趨勢，為企業的發展提供正確的方向。

2. 提升管理能力

深度學習能夠幫助管理者提升管理能力，提升決策能力。管理者們透過學習先進的管理理念和方法，不斷改良企業的管理體系，提升企業的營運效率。

3. 培養創新能力

持續學習能夠培養管理者的創新能力，為企業帶來新的發展機遇。管理者們應在學習中不斷探索新的技術和業務領域，推動企業的創新發展。

善破局者存，掌全局者勝

在當今競爭激烈的商業世界中，企業如同在洶湧波濤中前行的船隻，面臨著各種挑戰與機遇。要在這片複雜多變的海洋中駛向成功的彼岸，既需要有善破局者的果敢與智慧，又要有掌全局者的謀略與遠見。

善破局者，勇於面對困境，敢打破常規。他們在企業面臨危機或陷入發展瓶頸時，能夠敏銳地洞察問題的本質，迅速採取行動，找到突破困境的方法。一家新興的即溶咖啡品牌的中小企業，在咖啡市場競爭激烈的情況下嶄露頭角。起初，傳統咖啡品牌占據著大部分市場占有率，消費者對於即溶咖啡的品質也有一定的質疑。然而，其領導者具有善破局者的特質。他們深入分析市場需求，發現消費者對於高品質、便捷的咖啡產品有著強烈的渴望。於是，他們果斷打破常規，推出了新型即溶咖啡產品，以獨特的包裝設計和卓越的口感迅速吸引了消費者的關注。透過創新的產品形式，在咖啡市場中開闢出了一片新的天地。

善破局者的價值在於他們能夠在困境中為企業找到新的發展方向，激發企業的創新活力，推動企業不斷向前發展。善破局者還具備以下三大特質。

首先，勇於冒險。在推出新產品時，面臨著市場不確定性和競爭對手的壓力，但企業勇於投入大量資源進行研發和市場推廣，勇敢地邁出了創新的第一步。其次，快速決策。在市場變化迅速的情況下，領導者能夠迅速做出決策，抓住市場機遇。及時調整產品策略，滿足消費者不斷變化的需求。最後，善於整合資源。充分利用網路與實體通路，與電商平臺、實體零售商等建立合作關係，整合各種資源，提升了產品的市場滲透率。

第五章　企業家進化論─策略家應具備的特質

掌全局者,能夠高瞻遠矚,從整體的角度掌握企業的發展方向。他們不僅關注企業的短期利益,更注重企業的長期策略規劃。

掌全局者需要具備以下特質:

第一,策略眼光。該即溶咖啡品牌能夠洞察咖啡市場的發展趨勢,看到消費者對於品質和便捷性的追求。他們制定了明確的品牌定位和發展策略,致力於打造高品質的即溶咖啡品牌。

第二,統籌協調能力。掌全局者能夠協調企業內部各個部門之間的工作,確保企業的各項業務有序展開。他們在產品研發、生產、行銷、客服等方面進行有效的統籌協調,提升了企業的營運效率。

第三,領導力。掌全局者需要具備卓越的領導力,能夠激勵員工,凝聚團隊力量,共同為實現企業的策略目標而努力奮鬥。透過樹立明確的企業願景和價值觀,激勵員工積極進取,為企業的發展貢獻力量。掌全局者的意義在於,他們能夠為企業提供明確的發展方向,確保企業在複雜多變的商業環境中始終保持正確的航向。他們能夠合理配置企業資源,提升企業的營運效率,讓企業能夠永續發展。

在實際的企業經營管理中,善破局者和掌全局者的特質需要相互配合,才能發揮最大的作用。一方面,善破局者需要在掌全局者的策略指導下行動。破局不是盲目地冒險,而是要在企業的整體策略架構內進行。該即溶咖啡品牌的領導者在制定策略規劃的基礎上,鼓勵員工勇於創新,勇於突破,為企業的發展注入新的活力。另一方面,掌全局者也需要善破局者的創新精神和行動力。在執行策略規劃的過程中,難免會遇到各種問題和挑戰。善破局者的出現,能夠為掌全局者提供新的思路和解決方案,推動策略被順利實施。

例如,在拓展市場的過程中,他們制定了詳細的市場拓展計畫,但在實作中遇到了一些困難。這時,善破局者發揮了重要作用,他們透過

與不同領域的夥伴合作，舉行創新的行銷活動，成功地突破了市場瓶頸，促使企業快速發展。

為了培養善破局者和掌全局者的特質，企業管理者可以從以下幾個方面入手（詳見圖 5-2）：

圖 5-2 培養善破局者和掌全局者的特質的策略

（一）提升自身素養

1. 加強學習

不斷學習新的知識和技能，提升自己的策略眼光和決策能力。可以透過參加培訓課程、閱讀專業書籍和文章等方式進行學習。

2. 培養創新思維

勇於挑戰傳統觀念，鼓勵員工提出新的想法和建議。

可以舉辦創新活動，設立創新獎勵機制，激發員工的創新熱情。

3. 提升領導力

學習領導藝術，提升自己的領導能力。可以透過參加領導力培訓、與優秀領導者交流等方式提升自己的領導力。

(二) 建立良好的團隊

1. 招募優秀人才

吸引具有善破局者和掌全局者特質的人才加入企業，為企業的發展注入新的活力。

2. 培養團隊合作精神

鼓勵員工之間相互合作，共同解決問題。可以透過舉行團體活動、設立團隊獎勵機制等方式培養團隊合作精神。

3. 建立激勵機制

設立合理的激勵機制，鼓勵員工勇於創新、勇於擔當。可以透過薪酬獎勵、晉升獎勵、股權獎勵等方式激勵員工。

(三) 制定科學化的策略

1. 深入分析市場

了解市場需求、競爭態勢和產業發展趨勢，為策略規劃提供依據。

2. 確認企業定位

根據企業的核心競爭力和市場需求，確定企業的發展方向和定位。

3. 制定長期策略規劃

結合企業的發展目標和市場情況，制定長期策略規劃，並將其分解為具體的短期目標和行動計畫。

(四) 鼓勵創新與破局

1. 營造創新氛圍

在企業內部營造鼓勵創新的氛圍，讓員工敢嘗試新的業務模式和市場策略。

2. 設立創新基金

為員工的創新專案提供資金支持，鼓勵員工積極進行創新活動。

3. 建立容錯機制

允許員工在創新過程中犯錯，鼓勵他們從失敗中記取教訓，不斷改進和完善創新方案。

總之，在當今競爭激烈的商業世界中，企業管理者需要具備善破局者和掌全局者的特質，才能帶領企業在複雜多變的市場環境中取得成功。透過提升自身素養、建立良好的團隊、制定科學化的策略和鼓勵創新與破局，企業管理者可以培養自己善破局者和掌全局者的特質，為企業的發展注入新的動力，實現企業的永續發展。

第五章　企業家進化論─策略家應具備的特質

乘勢而上，躬身入局

　　掌握時代趨勢，絕非易事。需有敏銳如鷹的洞察力，精準捕捉每一絲時代風向的變化。當新的機遇如風暴般襲來，能果敢決斷，順勢而為，如同衝浪者精準踏上洶湧浪尖，借勢騰飛。不隨波逐流，更不畏懼變革，以無畏之姿擁抱時代的浪潮。

　　而躬身入局，則意味著摒棄高高在上的姿態，勇敢地投身商業戰場。親力親為，絕非作秀，是深入每一個環節，感受企業的脈搏跳動。從第一線的打拚到策略的謀劃，無一不親自參與。只有這樣，才能真正了解企業的核心挑戰與需求，引領企業在激烈的競爭中殺出重圍，邁向成功的彼岸。

　　以一家大型電商的成功故事為例，其成功的背後，不可忽視的是其領導者所展現出的真正企業家的策略家特質，即乘勢而上，躬身入局。

　　該大型電商的發展歷程，充滿了挑戰與機遇、智慧與勇氣。它誕生於網路蓬勃發展的時代，創辦人敏銳地捕捉到了電商產業的巨大潛力，果斷投身其中。他看到傳統零售業的諸多瓶頸，決心打造一個以客戶為中心的電商平臺，透過直接與供應商合作，精簡中間環節，為消費者提供優質、便宜的商品和便捷的購物體驗。

　　在成立初期，他們就堅持正版商品的經營理念，這在假貨氾濫的電商市場中如同一股清流。創辦人親自參與商品的採購和篩選過程，嚴格掌控每一件商品的品質。他深知，只有提供真正的優質商品，才能贏得消費者的信任。正如在電子產品銷售領域，他對進貨管道嚴格把關，確保每一件商品都是正版。這種對品質的執著，迅速提升了消費者對平臺的信任度，為它的快速發展奠定了堅實基礎。

隨著電商產業競爭的日益激烈，物流配送成為了關鍵因素。他再次展現出其敏銳的洞察力，乘勢而上，決定投入大量資金和資源建立自己的物流體系。他深知，效率、快速、準確的配送服務將是平臺在競爭中脫穎而出的關鍵。

他躬身入局，親自參與物流網路的規劃和建置。他深入研究物流產業的運作模式，結合公司的業務特點，精心打造出一套高效率的物流配送體系。在重大促銷活動期間，也能夠在短時間內將大量商品準確無誤地送達消費者手中。

然而，建設物流體系並非一帆風順。龐大的資金投入讓企業面臨著巨大的財務壓力。但他沒有退縮，他一方面積極與金融機構合作，爭取貸款支援；另一方面，不斷改良物流營運模式，提升物流效率，降低成本。

對品質的執著追求，也是該平臺成功的關鍵因素之一。企業領導者強調平臺要堅持販售正版商品，且對商品品質有著嚴格的掌控。他們建立了嚴格的品質檢測體系，對供應商進行嚴格稽核和管理。同時，推出了一系列自有品牌商品。

企業領導者親自參與自有品牌商品的開發和篩選過程，每一件商品都經過嚴格的品質檢測和篩選，涵蓋了多個產品類別，皆有著高品質和合理的價格，得到消費者普遍較高的評價。

在面對一些供應商為了降低成本而降低商品品質的情況時，該企業堅決與這些供應商終止合作。他們深知，品質是企業的命脈，不能有絲毫妥協。

同時，積極尋找優質的供應商，確保商品的品質始終如一。

他也深知技術創新的重要性，積極推動人工智慧、大數據、雲端運算等領域的發展。他躬身領導技術團隊，投入大量資金進行技術研發。

透過大數據分析，企業可以精準地了解消費者的需求和偏好，為消費者提供個性化的商品推薦和服務。

在物流領域廣泛應用人工智慧和自動化技術，如自動化倉庫等創新工具。這些技術的應用，不僅提升了營運效率，也為整個電商產業的發展帶來了新的思路和方向。在技術創新的道路上，他們也遇到了技術以及人才短缺等問題。但該企業毫不畏懼，採取了一系列應對策略。

他們擴大了對技術研發的投入，吸引優秀的技術人才加盟。還與大學、研究機構合作，共同推進技術研發專案，提升企業的技術創新能力。企業領導者還親自參與技術方案的制定和決策，對每一個技術專案進行嚴格的稽核和評估。

在這家電商企業的發展過程中，其領導者在困難面前還展現出了少有的堅韌和勇氣。在早期創業階段，電商產業處於起步階段，面臨著諸多不確定性和挑戰。他毅然決定專注於電子產品的線上銷售，親自跑遍各大電子產品供應商，建立合作關係。

他對每一個產品進行嚴格的品質檢驗，仔細檢查電子產品的包裝、配件是否齊全，產品是否有瑕疵等。為了解決物流配送的難題，他親自帶領團隊設計物流方案，甚至親自跟車送貨，體驗物流配送過程中的每一個環節，以便及時發現問題並加以改進。

2008 年全球金融危機爆發，企業面臨巨大的資金壓力。但他們沒有退縮，而是積極尋找融資管道。他親自與各大投資機構進行溝通，展示企業的發展前景和潛力。他精心準備商業計畫書，用數字和事實說話，親自參與每一場融資談判。

在與某投資機構的談判中，該企業的領導者連續幾天幾夜沒有休息，與對方進行深入的交流和溝通，最終成功獲得了融資。同時，他採取內部措施應對危機，親自帶領團隊進行成本控制，改良營運流程，提

升效率。他暫停了一些非核心業務的擴張，集中資源發展電商和物流業務。

隨著平臺的不斷發展，他開始拓展業務領域。他看到生鮮電商的巨大市場潛力，決定進軍生鮮領域。他親自帶領團隊進行市場調查，深入田野，與農民和供應商進行交流，建立直接的採購管道。

他親自考察農產品產地，了解種植環境、製程等情況，確保銷售的生鮮產品品質可靠。為了解決生鮮產品的配送難題，他投入大量資金建設冷鏈物流體系，親自監督物流配送的每一個環節，確保生鮮產品能夠及時、準確地送達消費者手中。

他一直非常重視技術創新，認為技術是未來發展的核心競爭力。他親自帶領技術團隊，投入大量資金進行技術研發。他推動企業人工智慧、大數據、雲端運算等領域的應用，提升了營運效率和使用者經驗。

他積極與海內外的科技企業合作，引進先進的技術和理念。親自帶隊考察科技企業，與他們進行深入的交流和合作洽談。例如，與某人工智慧企業合作，共同開發了一套智慧客服系統，為消費者提供更加便捷、有效率的服務。

乘勢而上，意味著要有敏銳的洞察力，能夠準確掌握時代的發展趨勢。

隨時關注全球經濟、科技、社會和產業的發展動態，透過市場調查、資料分析等方式，深入了解消費者的需求和市場的變化。他能夠在第一時間發現新的趨勢和機遇，並迅速做出反應，調整企業的策略和發展方向。果斷決策，順勢而為，是在機遇面前不猶豫，勇敢地邁出關鍵的一步。

他也在建設物流體系、拓展業務領域等重大決策中，展現出了果斷的決策力。他深知機遇稍縱即逝，猶豫不決只會錯失良機。事實證明，

他的決策是正確的，為企業的長期發展奠定了堅實的基礎。

持續創新，引領潮流，是在快速發展的科技時代保持競爭力的關鍵。他不斷投入大量資金和人力進行技術創新，推出一系列創新的產品和服務。

不僅在技術領域，還在商業模式、行銷手段等方面進行創新，不斷滿足消費者的需求和期望。

躬身入局，親力親為，以身作則，是領導者的以身作則。為員工樹立榜樣，也讓消費者對該企業的商品品質更加放心。

深入第一線，了解實際情況，是做出正確決策的前提。他經常深入到倉庫、配送站等第一線職位，與員工交流，了解他們的工作情況和困難。同時，積極與消費者溝通，聽取他們的意見和建議。這種深入第一線的做法，讓他能夠及時發現問題，解決問題，推動企業的不斷發展。

勇於擔當，解決問題，是在面對困難和挑戰時的態度。即便在發展過程中遇到了各種問題和挑戰，如市場競爭、技術難題、人才短缺等。但他始終勇於擔當，積極尋找解決方案。親自領導技術團隊，研發創新物流技術和解決方案，化危機為機遇。

這樣的成功經驗為其他企業提供了寶貴的借鑑。培養敏銳的洞察力，企業要建立完善的市場調查和資料分析機制，關注全球動態，了解消費者需求和市場變化。鼓勵員工提出新想法和建議，培養創新意識和洞察力。

果斷決策，勇於創新，企業在面對機遇和挑戰時要果斷做出決策，順勢而為。不斷投入資金和人力進行技術創新，推出創新的產品和服務，引領市場潮流。可以設立創新研發中心，與大學、研究機構合作。

親力親為，以身作則，企業領導者要躬身入局，深入企業各個環

節，了解實際情況，解決實際問題。注重員工的培養和發展，為員工提供良好的工作環境和發展機會。定期深入前線職位，與員工交流，組織培訓和學習活動。

有擔當，積極解決問題，企業在面對問題和挑戰時要勇於擔當，建立健全問題解決機制，及時發現問題，解決問題。注重團隊，培養員工的團隊合作精神和責任感。可以設立問題解決小組，舉行團隊活動。

第五章　企業家進化論—策略家應具備的特質

創造性破壞是企業家精神的核心

　　真正的企業家，絕非墨守成規之輩，他們猶如無畏的勇士，敢向舊有秩序揮起戰錘。在他們眼中，傳統絕非不可撼動的堡壘，而是等待被超越的障礙。他們以果敢之姿，闖入那看似堅不可摧的舊世界，將其擊得粉碎。他們是變革的先鋒，是進步的引擎，以創造性破壞的熊熊烈火，鍛造出一個又一個商業傳奇，推動著整個世界滾滾向前。

　　在眾多企業家中，伊隆・馬斯克和他所領導的特斯拉無疑是最具代表性的存在之一。特斯拉的誕生，彷彿是一場對傳統汽車產業的宣戰，這場戰爭不僅改變了汽車產業的格局，也為整個世界帶來了新的希望和可能性。

特斯拉：傳統汽車產業的挑戰者

　　在燃油車長期稱霸的時代，傳統汽車產業似乎是一座不可撼動的堡壘。

　　然而，伊隆・馬斯克以其敏銳的洞察力，果敢地將目光投向了電動車領域。他深知傳統汽車依賴化石燃料所帶來的環境汙染和能源危機，而電動車則蘊含著巨大的潛力，有望成為未來代步工具的主流。

　　於是，特斯拉勇敢地闖入了這片未知的領域，開創了一場顛覆傳統的革命。特斯拉推出的電動車，宛如一把利劍，瞬間刺破了人們對汽車的傳統認知。其高效能的電動驅動系統，賦予了車輛驚人的加速能力和操控表現。

　　當人們踩下特斯拉的油門，那種強烈的推背感如同駕馭一道閃電，瞬間將傳統汽車甩在身後。以特斯拉 Model S 為例，它的出現讓消費者

驚嘆不已，原來電動車也能擁有如此出色的加速效能和駕馭感受。這種獨特的魅力，不僅來自於先進的技術，更是特斯拉對傳統汽車產業的大膽挑戰。

在續航里程方面，特斯拉不斷突破自我，透過持續的技術創新，讓電動車能夠行駛數百公里，滿足了人們日常出行甚至長途旅行的需求。曾經，人們對電動車續航短的刻板印象被特斯拉徹底打破，為電動車的普及鋪平了道路。這一突破，猶如在黑暗中點亮了一盞明燈，為消費者指引了一條環保交通的新方向。

然而，特斯拉的創造性破壞並不僅僅局限於產品本身。在充電基礎設施方面，特斯拉同樣進行了大膽創新。傳統汽車依賴加油站，而特斯拉意識到電動車需要全新的充電網路。於是，他們毫不猶豫地投入大量資金建置超級充電站。這些超級充電站分布在全球各地，如同為電動車打造的專屬加油站，讓車主在旅途中無需擔憂電量問題。這種創新的充電模式，不僅解決了電動車充電難的關鍵問題，也為整個電動車產業樹立了典範。

特斯拉的難題與挑戰

特斯拉在實施創造性破壞企業策略的過程中，並非一帆風順，而是面臨著諸多艱鉅的難題。

技術難題：高聳的山峰橫亙前路

電池技術瓶頸是其中最為關鍵的問題之一。電動車的核心在於電池，而在發展初期，電池的續航里程、充電速度、安全性等方面都面臨著巨大的挑戰。特斯拉需要不斷投入研發資源，尋找更有效率、更安全的電池解決方案。

例如，特斯拉不斷改進電池的化學成分和結構，提升電池的能量密

度和續航里程。同時，為了提升電池的充電速度，特斯拉研發了超級快充技術，能夠在短時間內為電池充電，大大縮短了充電時間。此外，電池的安全性也是極為重要的。特斯拉透過嚴格的品質控制和安全測試，確保電池在各種情況下都能安全可靠地運作。

自動駕駛技術的複雜性也是一大難題。實現完全自動駕駛面臨著技術上的巨大難題，包括感測器的準確性、演算法的可靠性、複雜路況的應對等方面，都需要不斷地突破技術瓶頸。特斯拉投入了大量的資金和人力進行自動駕駛技術的研發，透過不斷地測試和改良，逐步提升自動駕駛的安全性和可靠性。

資金壓力：沉重的大山壓得喘不過氣

創造性破壞意味著不斷地進行技術創新和業務拓展，這需要大量的資金投入。特斯拉在電池技術、自動駕駛技術、超級充電站建置等方面的研發投入龐大的資金，為公司帶來了沉重的財務壓力。

此外，為了提升產能，特斯拉需要建置大規模的生產工廠。這些工廠的建置成本高昂，而且在建置過程中還可能面臨各種延誤和超支的風險。例如，可能會面臨土地、施工許可申請、供應鏈協調等諸多問題，這些問題都對工廠的建置帶來了一定的困難和挑戰。

市場競爭與傳統觀念的挑戰：洶湧的海浪不斷衝擊

傳統汽車製造商在汽車產業擁有深厚的底蘊和龐大的市場占有率，他們不會坐視特斯拉的崛起而無動於衷，紛紛投入電動車的研發，與特斯拉展開激烈的競爭。這些傳統汽車製造商擁有強大的品牌影響力、成熟的銷售通路和完善的售後服務體系，在市場競爭中具有一定的優勢。

同時，在特斯拉推出電動車之前，消費者對電動車的認知度和接受度普遍較低。他們擔心電動車的續航里程、充電設施不完善、價格高昂

等問題，這對特斯拉的市場推廣帶來了很大的困難。為了提升消費者對電動車的接受度，特斯拉需要進行大量的消費者教育和市場推廣工作，這也需要投入大量的資金和人力。

特斯拉的破局之道

面對這些難題，伊隆‧馬斯克展現出了真正的企業家精神，採取了一系列果敢的措施。

技術創新驅動：破局的關鍵

伊隆‧馬斯克深知技術創新是特斯拉的核心競爭力，因此他毫不猶豫地持續投入大量資金用於電池技術和自動駕駛技術的研發。

在電池技術方面，特斯拉不斷改進電池技術，提升電池的能量密度和壽命，降低成本。例如，特斯拉研發了新一代的電池技術，採用了更先進的材料和製造工藝，使得電池的能量密度大幅提升，續航里程也得到了顯著提升。同時，特斯拉還透過改良電池管理系統，提升了電池的充放電效率和安全性。

在自動駕駛技術方面，特斯拉透過不斷改良自動駕駛演算法，提升自動駕駛的安全性和可靠性。例如，採用深度學習技術，對大量的路況資訊進行分析和訓練，不斷提升自動駕駛系統的辨識能力和決策能力。此外，特斯拉還透過開放專利的策略，吸引了更多的企業和人才加入電動車領域，共同推動技術的進步。

融資與成本控制：堅實的資金保障

面對鉅額的資金需求，特斯拉積極拓展融資管道。除了傳統的股權融資和債務融資外，特斯拉還透過與政府合作、獲得補貼等方式籌措資金。

例如，特斯拉爭取工廠所在地的政府支持，提供土地優惠、貸款支

援等。同時，為了降低生產成本，提升生產效率，特斯拉不斷改良生產流程。他們採用先進的製造技術，如自動化生產線、機器人技術等，提升生產速度和品質。同時，透過垂直整合供應鏈，降低零組件採購成本。

市場推廣與品牌經營：脫穎而出的法寶

特斯拉從一開始就定位為高級電動車品牌，透過推出高效能、高科技的產品，吸引了一批追求環保、科技和品質的消費者。

同時，特斯拉注重品牌經營，透過舉辦發表會、參加車展等方式，提升品牌的知名度和好感度。為了提升消費者對電動車的接受度，特斯拉積極推動消費者教育活動。他們透過官方網站、社群媒體等管道，向消費者普及電動車的優勢和使用方法。同時，特斯拉還在全世界設立體驗店和展示中心，讓消費者親身感受電動車的魅力。

透過這些措施，特斯拉逐漸克服了各種難題，有了破繭成蝶的成功。

技術方面：特斯拉的電池技術和自動駕駛技術不斷進步，續航里程和安全性得到了顯著提升。廣泛鋪設的超級充電站，也為消費者提供了更加便捷的充電服務。例如，特斯拉的超級充電站現在已經能夠在更短的時間內為車輛充電，大大提升了充電效率。同時，自動駕駛技術的不斷升級，也讓人們對未來的出行充滿了期待。

資金方面：特斯拉透過多元化的融資管道和有效的成本控制，緩解了財務壓力。同時，隨著產能的不斷提升和市場占有率的擴大，特斯拉的盈利能力也逐漸增強。

市場方面：特斯拉的高級品牌形象和良好的口碑，吸引了越來越多的消費者。隨著全球對環境保護的重視和政策的支持，電動車的市場需求也在不斷增加。特斯拉作為電動車領域的領先者，將繼續引領產業的發展，為推動社會和經濟的永續發展做出更大的貢獻。例如，越來越多的國家和地區發表了鼓勵電動車發展的政策，為特斯拉的發展提供了廣

闊的市場空間。

生產模式方面：在生產模式上，特斯拉同樣展現出了創造性破壞的精神。傳統汽車產業採用的是分散式的供應鏈模式，各個零組件供應商之間的協調成本較高，生產效率也受到一定限制。而特斯拉採用垂直整合的生產策略，將電池生產、汽車製造等關鍵環節納入自己的掌控之中。

特斯拉自己生產電池，這使得他們能夠對電池技術進行深度研發和改良。透過不斷改進電池技術，特斯拉提升了電池的能量密度和壽命，降低了成本。同時，垂直整合的生產模式也讓特斯拉能夠自行控制生產品質和進度，提升了生產效率。這種生產模式就像是打造了一座堅不可摧的堡壘，將核心技術牢牢掌握在自己手中，從而在競爭中占據優勢。

在製造技術方面，特斯拉大量採用先進的自動化生產線和機器人技術。

他們的工廠就像是一個高科技的實驗室，充滿了創新的氣息。自動化生產線不僅提升了生產速度，還保證了產品的品質一致性。例如，特斯拉的車身製造，機器人可以精確地完成焊接、組裝等任務，確保每一輛車都具有高品質。特斯拉的工廠，是未來製造業的典範，它向世人展示了科技與製造的完美結合。

特斯拉的成功為其他企業提供了寶貴的借鑑。

第一，培養創新意識是關鍵

企業要鼓勵員工大膽創新，建立創新激勵機制，營造敢嘗試的創新氛圍。例如，可以設立創新獎項，給予有突出創新貢獻的員工豐厚的獎勵。

同時，擴大對技術研發的投入，與大學、研究機構合作，共同進行尖端技術研究。

第二，勇於挑戰傳統

企業要有勇氣打破產業的傳統觀念和模式，尋找新的市場機會。像特斯拉一樣，勇於挑戰傳統汽車產業的大型企業，透過技術創新和商業模式創新，開闢新的市場空間。

第三，持續創新能力是企業保持競爭力的核心

建立健全的創新體系，包括研發中心、技術團隊、創新流程等，不斷推出新的產品和服務。同時，加強與客戶的互動，了解客戶需求，根據市場回饋及時調整創新方向。

第四，承擔風險的勇氣也是不可或缺的

企業在創新過程中必然會面臨風險，但不能因為害怕風險而停滯不前。

建立風險管理體系，對風險進行評估和預警，同時要有勇氣在風險中尋找機會。

特斯拉的故事告訴我們，只有勇於挑戰傳統，勇於創新，不斷突破自我，才能在激烈的市場競爭中立於不敗之地。同時，特斯拉的成功也為我們展示了未來汽車產業的發展方向，為推動社會和經濟的永續發展提供了新的動力和希望。

企業最大的危機是老闆「感覺消失」

在企業的洶湧浪潮中，潛藏著一種極易被忽視卻又極為關鍵的危機——老闆「感覺消失」。當老闆失去敏銳的直覺、果敢的決斷和熾熱的熱情時，企業便如同失去了靈魂的巨輪，容易在商業的海洋中迷失方向。

老闆的「感覺」是企業的指南針。它能在迷霧中準確地感知市場的風向，捕捉稍縱即逝的機遇。這種感覺消失，企業便會陷入遲鈍與迷茫，對市場的變化反應遲緩，眼睜睜看著競爭對手搶占先機。老闆的決斷力也會隨之弱化，在重大決策面前猶豫不決，錯失發展的黃金時機。而那曾經激勵員工奮勇向前的熱情與魅力也會消散，團隊失去動力，企業陷入停滯。

一家普通的潮流玩具雜貨店，在創辦人的精心雕琢下，短短幾年間便成為潮流玩具市場的龍頭。

這家玩具店成立之初，主要銷售進口潮流玩具和文具。但憑藉著創辦人對市場的敏銳直覺，很快察覺到潮流玩具市場的巨大潛力。他果斷決定要轉型為專注於潮流玩具的企業，這一決策猶如在茫茫大海中找到了一座蘊藏著無盡寶藏的島嶼。

為了打造獨特的品牌形象，他們推出了一系列自有 IP，這些卡通形象彷彿擁有神奇的魔力，瞬間俘獲了眾多消費者的心，成為企業的代表性符號。同時，盒玩這種充滿驚喜與樂趣的銷售模式，更是如同一股強大的旋風，吸引了大量年輕消費者的狂熱追捧。

如今，他們已發展成為一家集設計、生產、銷售於一體的綜合性企業，擁有眾多粉絲和門市。它的成功，離不開其創辦人作為真正的企業家——策略家所具備的特質。（詳見圖 5-3）

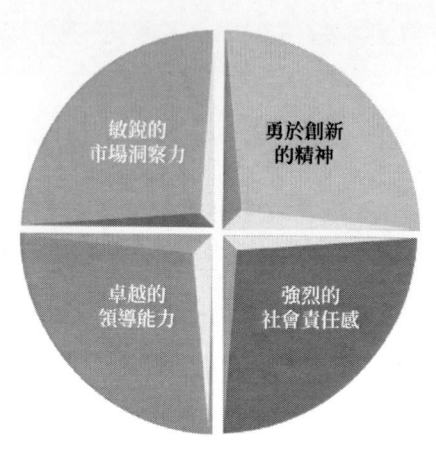

第五章　企業家進化論—策略家應具備的特質

圖 5-3 策略家所具備的特質

首先，敏銳的市場洞察力是他的一大法寶。在創立公司之前，他就對潮流文化有著濃厚的興趣和深入的了解。他如同一位經驗豐富的獵人，敏銳地捕捉到隨著年輕人消費觀念的變化，潮流玩具市場即將迎來爆發式成長的機遇。

在發展過程中，他始終如一地保持著對市場的高度關注。

他密切留意消費者的喜好和需求變化，就像一位時刻警惕的哨兵，一旦發現風吹草動，便迅速調整公司的產品策略和行銷策略。例如，當他察覺到消費者對盒玩的熱情不斷高漲時，便毫不猶豫地加強對盒玩產品的研發和推廣力度，推出更多系列和款式，極大地滿足了消費者的期待。

其次，創新是企業發展的核心動力，而他正是那個勇於在未知領域勇敢探索的開拓者。他導入了盒玩銷售模式，這一創新之舉不僅為消費者帶來了全新的購物體驗，更如同為企業注入了一股強大的活力泉源，帶來了巨大的商業成功。

他們的產品設計也不斷推陳出新。公司擁有一支專業的設計團隊，

他們如同一群充滿創意的魔法師，不斷推出新的 IP 和產品系列，滿足消費者對潮流玩具的多樣化需求。同時，他們還積極與藝術家和設計師合作，共同打造出具有創意和藝術價值的潮流玩具，讓每一件產品都成為獨特的藝術品。

再者，卓越的領導能力是走向成功的關鍵。為公司制定明確的發展策略和目標，就像一位智慧的船長為巨輪規劃出清晰的航線。透過有效的團隊管理和激勵機制，他激發了員工的工作積極性和創造力，讓整個團隊充滿活力和鬥志。

在團隊管理方面，則注重培養員工的創新精神和團隊合作精神。他鼓勵員工大膽提出新的想法和建議，給予他們充分的支持和信任，讓員工感受到自己的價值和重要性。同時，他建立了完善的績效考核體系和獎勵機制，對表現優秀的員工進行獎勵，就像為奮鬥的戰士頒發榮譽勳章，激發了員工的工作熱情和創造力。

最後，真正的企業家 —— 策略家不僅要追求企業的經濟效益，還要承擔起相應的社會責任。在這間企業的發展過程中，他們始終關注社會公益事業，積極參與各種公益活動，如捐贈物資、資助貧困學生等，為社會貢獻出自己的一份力量。

他們還格外注重環保和永續發展。在產品設計和生產過程中，採用環保材料和工藝，減少對環境的影響。這就像在商業的叢林中種下一片綠色的希望，引導消費者關注環保問題，共同為保護地球家園而努力。

這間企業在發展過程中，既有著成功的經驗，也面臨著挑戰。

一方面，潮流玩具市場競爭日益激烈，其他企業紛紛仿效成功的商業模式和產品設計，對其構成了一定的威脅。另一方面，消費者的需求不斷變化，對潮流玩具的品質和創意提出了更高的要求。如果他們不能及時應對這些挑戰，就有可能失去市場競爭力。

第五章　企業家進化論─策略家應具備的特質

為了應對這些挑戰，他們需要採取一系列有效的策略。

保持敏銳的市場洞察力極為重要。企業家要隨時關注市場趨勢和消費者需求的變化，透過市場調查、資料分析等方式，及時了解市場動態。他們可以繼續加強對市場調查的投入，深入了解消費者的喜好和需求變化。同時，加強與國際上潮流文化機構和藝術家的合作，及時掌握潮流文化的最新動態，為產品設計提供源源不斷的靈感。

不斷創新是企業發展的永恆主題。企業家要勇於嘗試新的商業模式和產品設計，不斷推出具有創新性和競爭力的產品和服務。他們可以繼續強化對產品設計的投入，推出更多具有創意和藝術價值的潮流玩具。積極探索新的銷售管道和行銷方式，如線上直播、社群媒體行銷等，提升品牌知名度和影響力。

加強團隊管理是企業穩定發展的基礎。企業家要注重團隊建設和員工培養，建立有效的團隊管理和獎勵機制，激發員工的工作積極性和創造力。他們可以繼續完善績效考核體系和獎勵機制，對表現優秀的員工進行獎勵。加強員工培訓和職業發展規劃，為員工提供更多的學習和成長機會。

承擔社會責任是企業的應盡之責。企業家要關注社會公益事業，積極承擔社會責任，為企業樹立良好的社會形象。可以繼續積極參與各種公益活動，為社會做出更多的貢獻。加強環保意識，在產品設計和生產過程中，採用環保材料和工藝，減少對環境的影響。

在當今競爭激烈的商業世界中，真正的企業家──策略家必須具備敏銳的市場洞察力、勇於創新的精神、卓越的領導能力和強烈的社會責任感等特質。同時，要隨時警惕「感覺消失」的危機，保持對市場的敏銳感覺，不斷創新和進步，加強團隊管理，承擔社會責任，為企業的長期發展奠定堅實的基礎。

第六章
不確定性，策略決策的無聲敵手

　　在商業戰場上，策略是衝鋒的號角，然而不確定性卻如鬼魅般如影隨形，是策略最大的敵人。它是如黑暗深淵般能吞噬一切策略部署的恐怖存在。市場的風雲變幻、政策的突然轉向、技術的意外革新、消費者的莫名轉向，都讓策略在不確定性面前搖搖欲墜。在這洶湧波濤中，戰勝不確定性，才能讓策略之船破浪前行。

第六章 不確定性，策略決策的無聲敵手

掌握變與不變，未來才更有力量

在商業的風雲變幻中，不確定性宛如幽靈般如影隨形，時刻威脅著企業的策略布局，堪稱策略的勁敵。當不確定性的風暴席捲而來，企業若茫然無措，便如同在洶湧大海中失去羅盤的孤舟，隨時可能被巨浪吞沒。然而，若能釐清哪些是必須堅守的不變核心，哪些是需要順勢而變的動態因素，企業就能在動盪中站穩腳跟，累積實力，向著未來奮勇前行。

變，意味著敏銳地捕捉市場的瞬息萬變，勇於創新與突破，在變化中尋找機遇；不變，則是牢牢守住企業的核心價值觀與根本策略方向，如同在狂風中屹立不倒的燈塔，為企業指引前行的道路。只有如此，企業才能在不確定性的驚濤駭浪中駕馭命運之舟，駛向成功的彼岸。

一家主打健康與創新的飲料品牌自誕生以來，便如一顆璀璨的新星在飲料市場迅速崛起。然而，商業世界中的不確定性就像那變幻莫測的風雲，隨時考驗著企業的智慧和勇氣。這顆新星也面臨著諸多不確定性的挑戰。（詳見圖 6-1）

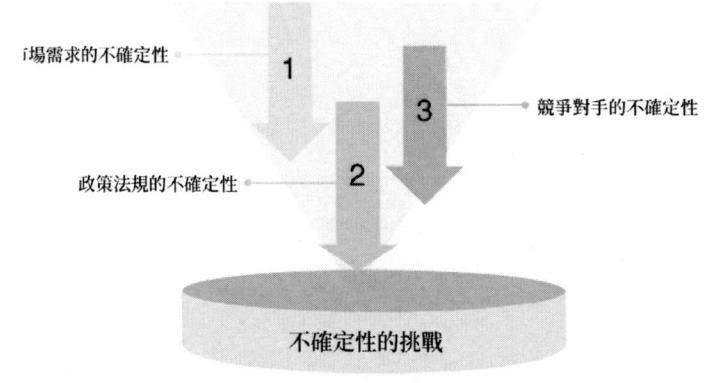

圖 6-1 商業世界中，企業面臨著不確定性

首先，市場需求的不確定性猶如一把雙刃劍。隨著消費者健康意識的不斷提升，對健康飲品的需求持續變化。消費者對飲品的口味、功能、包裝等方面的需求日益多樣化，這對飲料製造商的產品研發和市場推廣帶來了巨大的挑戰。消費者的喜好可能在瞬間發生變化，今天對某種口味的飲品趨之若鶩，明天可能就轉向了其他口味。飲料製造商必須不斷進行市場調查，緊跟消費者的需求變化，就像一位敏銳的獵人，隨時捕捉著市場的動態。同時，消費者對「健康」的定義也在不斷演變，飲料製造商需要不斷調整產品策略，確保產品始終符合消費者對健康的新認知。

其次，競爭對手的不確定性如同隱藏在暗處的對手，隨時可能發起攻擊。飲料市場競爭激烈，傳統飲料大型企業可能會憑藉其強大的品牌影響力和通路優勢，擴大對健康飲品市場的投入，推出類似的產品，對新創製造商構成巨大威脅。新興的飲料品牌也可能以獨特的產品定位和創新的行銷手段，迅速崛起，爭奪市場占有率。競爭對手的行銷策略、價格策略更是變幻莫測，他們必須隨時保持警惕，密切關注競爭對手的動態，就像一位警惕的戰士，隨時準備應對敵人的進攻。當競爭對手推出新的產品或進行大規模促銷活動時，他們要迅速做出反應，制定相應的應對策略，以保持自己的市場競爭力。

最後，政策法規的不確定性就像天空中的烏雲，隨時可能帶來風雨。食品安全法規的加強、環保政策的變化等，都可能對飲料生產和銷售帶來一定的不確定性。飲料製造商需要密切關注政策法規的變化，就像一位謹慎的舵手，時刻調整航向，確保企業的合法經營。同時，政策法規的變化也可能帶來新的機遇，企業需要敏銳地捕捉這些機遇，積極調整策略，實現永續發展。

在面對不確定性的重重挑戰時，該飲料製造商作出了明智的選擇──確立變與不變。

第六章 不確定性，策略決策的無聲敵手

不變的是對健康飲品的執著追求和創新精神。這是他們的核心價值，是企業的靈魂所在。無論市場如何風雲變幻，他們始終堅持「無糖、無脂肪、無卡路里」的產品理念，為消費者提供健康、美味的飲品。這種對健康的承諾，就像一座堅固的燈塔，在茫茫的商業海洋中為消費者指引著方向，也贏得了消費者的信任和支持。同時，他們不斷進行產品創新，擁有一支專業的研發團隊，就像一群充滿創造力的魔法師，不斷探索新的原料和技術，致力於為消費者提供更好的產品使用感受。這種對創新的堅持，是使他能夠在不確定性中立足的根本，也為企業的未來發展奠定了堅實的基礎。

而在確立不變的核心價值的同時，也要靈活地應對著變化的市場環境。

在產品創新方面，他們就像一位勇敢的探險家，不斷開拓新的領域。根據消費者對不同口味的需求，推出了多種口味的氣泡水和茶飲產品。新穎的口味不僅滿足了消費者的味蕾需求，還為消費者帶來了全新的口感。同時，他們也積極拓展產品線，推出了果汁、功能性飲料等產品，滿足消費者對不同類型飲品的需求。此外，他們還不斷改進產品的配方和工藝，提升產品的品質和口感。就像一位精益求精的工匠，不斷打磨自己的作品，讓每一瓶飲品都成為一件藝術品。他們在氣泡水的包裝上也進行了創新，推出了不同規格的包裝，滿足消費者在不同情境下的需求。例如，推出了小瓶裝的氣泡水，方便消費者在外出時攜帶。他們還不斷改進氣泡水的製程，採用更先進的無菌填充技術，確保產品的安全和衛生。這些產品創新措施，讓他們的系列產品在市場上始終保持著強大的競爭力，成為了消費者心目中首選的健康飲品。

在行銷創新方面，他們就像一位時尚的潮流引領者，不斷創造新的焦點。透過社群媒體、網紅直播等方式進行品牌推廣，吸引了大量年輕

消費者的關注。他們善於利用社群媒體平臺，與消費者進行互動，了解消費者的需求和回饋，及時調整行銷策略。就像一位貼心的朋友，時刻傾聽著消費者的心聲。同時，還積極參與各種實體活動，如音樂節、運動會等，提升品牌的曝光度。透過贊助這些活動，將品牌與年輕、時尚、健康的生活方式連結在一起，增強了品牌的吸引力。

同時，他們還在一些賣場、超市設置展示區，展示產品的特點和優勢，提升產品的知名度。這些行銷策略，使得品牌知名度和產品銷量得到了大幅提升，為企業的發展奠定了堅實的基礎。

在通路創新方面，他們就像一位靈活的開拓者，不斷拓展新的市場。在網路通路，他們透過電商平臺、自有官網等方式進行銷售，方便消費者購買產品。就像一座便捷的橋樑，連接了企業與消費者。在實體通路，則積極拓展便利商店、賣場、餐廳等銷售通路，提升產品的觸及範圍。就像一張不斷延伸的網路，將產品推向更廣泛的消費族群。這些通路創新的做法，使他們能夠滿足消費者的購買需求，提升產品的銷量。

面對不確定性的挑戰，他們則採取了一系列有效的應對策略（詳見表 6-1）：

表 6-1 面對市場的不確定性採取的應對策略

應對策略	具體措施	目的
市場調查	擴大投入，建立專業團隊，利用科技分析購買行為及社交媒體數據	了解需求偏好，為產品研發和行銷決策提供參考
創新能力	擴大研發投入，建立獎勵機制，與大學及科學研究機構合作	激發創造力，提升產品技術與競爭力
風險管理	建立預警機制，評估分析風險，制定多元化經營、策略合作等策略	降低風險，提升抗風險能力
人才培養	擴大投入，建立完善體系，舉行培訓活動與職位輪調，提供優渥待遇	提升員工技能，吸引留住人才，提升核心競爭力

第六章　不確定性，策略決策的無聲敵手

加強市場調查是重要策略之一。擴大對市場調查的投入，建立專業的市場調查團隊，定期進行市場調查和分析，就像一位敏銳的觀察者，時刻關注著市場的變化。同時，利用大數據、人工智慧等科學化的方式，提升市場調查的效率和準確性。例如，透過分析消費者的購買行為、社群媒體資料數據等，了解消費者的需求和偏好，為產品研發和行銷決策提供參考。

提升創新能力也是其關鍵策略。擴大對研發的投入，建立創新獎勵機制，鼓勵員工提出創新的想法和建議。就像一座充滿活力的創新工廠，激發著每一個人的創造力。同時，加強與大學、研究機構的合作，共同推動技術創新研究。例如，與大學的食品科學相關科系進行合作，推動關於健康飲品的研發專案，提升產品的技術和競爭力。

加強風險管理同樣不可或缺。建立風險預警機制，定期對企業面臨的風險進行評估和分析，就像一位警惕的警衛，隨時守護著企業的安全。同時，制定多種風險應對策略，如多元化經營、策略合作等，降低企業的風險等級。例如，透過拓展產品線、開拓新的市場等方式，降低對單一產品或市場的依賴，提升企業的抗風險能力。

培養人才團隊對企業來說也是重要的措施。擴大對人才培養的投入，建立完善的人才培養體系，為員工提供廣闊的發展空間和良好的工作環境。就像一座人才的搖籃，孕育著企業的未來。同時，吸引和留住優秀人才，提升企業的核心競爭力。例如，進行內部培訓、外部培訓、職位輪動等活動，提升員工的專業技能和綜合能力。同時，透過提供有競爭力的薪酬待遇、股份獎勵等方式，吸引和留住優秀人才。

在當今充滿不確定性的商業世界中，該飲料製造商以其明確的變與不變的策略，為企業在不確定性中找到了前進的方向，為未來累積了強大的實力。

該變的沒變，是等死；
不該變的變了，是找死

在商業的海洋中，「不確定性」讓企業的前行之路荊棘密布，充滿無盡的挑戰與風險。當企業面對瞬息萬變的市場、難以捉摸的技術走向，以及風雲變幻的總體經濟環境時，該變的不變，就如同坐以待斃，眼睜睜看著機會溜走，被競爭對手遠遠甩在身後；而不該變的亂變，又如同自亂陣腳，將多年累積的根基輕易摧毀，陷入絕境。企業唯有在這變幻莫測的局勢中，練就一雙慧眼，精準掌握變與不變的界線，方能在不確定性的驚濤駭浪中穩健前行。

以一家成功的手搖飲企業為例，在其發展過程中，有一些關鍵因素始終保持不變，而同時也有一些方面在不斷地變化和創新。正是這種變與不變的結合，使得它能夠在激烈的市場競爭中持續發展。（詳見圖 6-2）

變	不變
產品更新、流程改良、價值創新、商業模式	使命 願景 價值觀 策略目標 定位 品牌核心價值 核心業務 核心競爭力 核心理念

圖 6-2 企業裡的變與不變

不變的核心價值

1. 產品品質

這家手搖飲企業始終堅持以產品品質為核心，選用優質的原物料，嚴格控制製程，確保每一杯茶飲都具有高品質的口感。無論是茶葉的選

擇、水果的新鮮度還是乳製品的品質，都有著嚴格的標準和要求。這種對產品品質的執著追求，是贏得消費者信任和口碑的關鍵所在。

2. 品牌定位

他們的品牌定位一直是致力於為消費者提供高品質、有創意的茶飲產品。這個品牌定位貫穿了企業的發展歷程，始終沒有改變。他們透過不斷推出新品、創新行銷策略等方式，不斷豐富和強化這個品牌定位，使其在消費者心中留下了深刻的印象。

3. 服務理念

秉持著「以顧客為中心」的服務理念，注重消費者的經驗和感受。無論是門市的環境設計、員工的服務態度還是售後服務，都力求做到最好。這種服務理念不僅為他們贏得了消費者的好評，也為其品牌形象的塑造奠定了基礎。

變化的創新措施

1. 產品創新

不斷推出新品，滿足消費者的多樣化需求。從最初的奶茶系列到後來的水果茶系列、冰沙系列等，他們的產品創新從未停止。研發團隊不斷探索新的口味和配方，結合市場趨勢和消費者回饋，推出了一系列具有創新性和差異化的茶飲產品。

2. 行銷策略創新

他們在行銷策略上也不斷創新，積極利用自媒體、跨界合作等方式進行行銷推廣。例如，透過社群平臺釋出產品資訊、品牌故事和消費者

口碑，吸引粉絲和使用者。同時，還與其他品牌進行跨界合作，推出聯名產品，進一步提升了品牌的知名度和影響力。

3. 門市設計創新

他們的門市設計也在不斷創新和升級，設計越來越注重個性化和消費經驗。門市不僅是一個銷售茶飲的場所，更是一個展示品牌文化和生活方式的空間。消費者可以在門市中享受到獨特的消費感受。

這樣的成功經驗為中小企業提供了以下一些實用的方式方法（詳見圖 6-3）：

確立核心價值　　　勇於創新求變　　　掌握市場趨勢
堅守不變　　　　　適應市場　　　　　順勢而為

1. 確定核心競爭力　　1. 產品創新　　　　1. 關注市場動態
2. 堅持品牌定位　　　2. 行銷策略創新　　2. 抓住消費行為轉變的機
3. 注重產品品質和服務水準　3. 管理模式創新　　3. 積極拓展市場

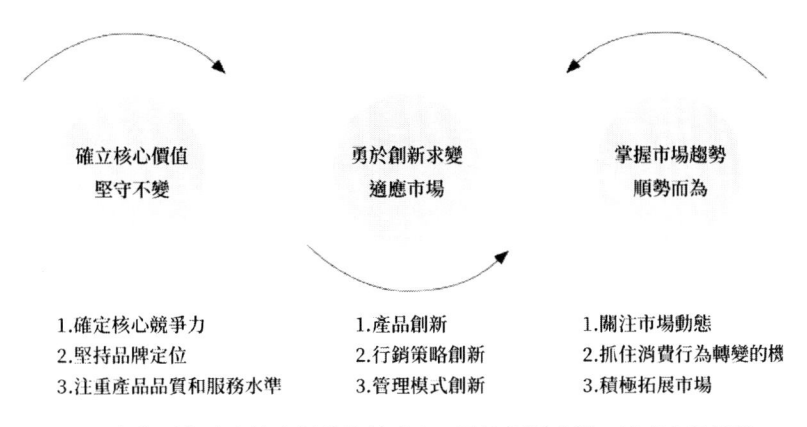

圖 6-3 企業要在確立核心價值的基礎上，勇於創新求變，適應市場趨勢

確立核心價值，堅守不變

1. 確定核心競爭力

中小企業要掌握自己的核心競爭力，即企業在市場競爭中具有優勢的方面。這個核心競爭力可以是產品品質、技術創新、服務水準等。企業要圍繞這個核心競爭力，制定發展策略，不斷提升和強化自己的優勢。

2. 堅持品牌定位

中小企業要確定自己的品牌定位，釐清自己的目標客群和市場定位。品牌定位一旦確定，就要堅持下去，不斷豐富和強化這個品牌定位，使其在消費者心中留下深刻的印象。

3. 注重產品品質和服務水準

產品品質和服務水準是企業的命脈，中小企業要始終注重產品品質和服務水準的提升。選用優質的原物料，嚴格控制製程，確保產品品質的穩定性和可靠性。同時，要注重服務水準的提升，為消費者提供優質、有效率的服務，增強消費者的滿意度和忠誠度。

勇於創新求變，適應市場

1. 產品創新

中小企業要不斷推出新品，滿足消費者的多樣化需求。要加強研發投入，建立專業的研發團隊，結合市場趨勢和消費者回饋，不斷探索新的口味和配方，推出具有創新性和差異化的產品。

2. 行銷策略創新

中小企業要積極利用自媒體、跨界合作等方式進行行銷推廣。要關注市場動態，了解消費者的喜好和需求，制定有針對性的行銷策略。同時，要不斷創新行銷方式，加強行銷效果。

3. 管理模式創新

中小企業要不斷創新管理模式，提升管理效率。要導入先進的管理理念和方法，改良企業的組織架構和流程，提升企業的決策效率和執行力。同時，要注重人才培養和獎勵，吸引和留住優秀的人才。

掌握市場趨勢，順勢而為

1. 關注市場動態

中小企業要密切關注市場動態，了解產業發展趨勢和競爭對手的情況。

要透過市場調查、資料分析等方式，及時掌握市場資訊，為企業的決策提供依據。

2. 抓住消費行為改變的機遇

隨著人們生活水準的提升和消費觀念的轉變，市場的主要趨勢往高品質邁進。中小企業要抓住這個機遇，不斷提升產品品質和服務水準，滿足消費者對高品質、個性化產品和服務的需求。

3. 積極拓展市場

中小企業要積極拓展市場，尋找新的成長點。可以透過開拓新的市場區域、拓展新的客群等方式，擴大企業的市場占有率。同時，要注重國際市場的開發，積極拓展海外市場。

上述手搖飲企業的成功經驗告訴我們，企業要在明確核心價值的基礎上，勇於創新求變，適應市場趨勢。中小企業要借鑑這樣的成功經

驗，確立自己的核心競爭力，堅持品牌定位，注重產品品質和服務水準的提升。同時，要勇於創新求變，積極推出新品，創新行銷策略和管理模式。此外，中小企業還要掌握市場趨勢，抓住消費行為轉變的機遇，積極拓展市場，實現企業的永續發展。只有這樣，中小企業才能在激烈的市場競爭中立於不敗之地。

你所擁有的，都是你的陷阱

在商業的複雜世界中，企業常常面臨各種策略決策。企業所擁有的資源、品牌優勢、市場占有率等看似是成功的基石，但從策略的不確定性角度來看，卻可能暗藏危機，成為阻礙前行的陷阱。丹麥的樂高玩具公司，作為全球知名的玩具品牌，其發展歷程中既有憑藉自身優勢取得的輝煌成就，也面臨著因過度依賴所擁有的而陷入困境的局面。

樂高創立於 1932 年，以其獨特的塑膠積木玩具聞名於世。樂高品牌代表著高品質、創意和無限可能。它的積木產品擁有獨特的組裝系統，能夠激發兒童和成人的創造力。這種獨特的產品設計成為了樂高最寶貴的資產之一。

例如，樂高推出的各種主題系列，如星際大戰系列、哈利波特系列等，憑藉著與熱門 IP 的合作，利用品牌影響力吸引了大量的粉絲購買。

樂高的核心產品──塑膠積木，雖然是其成功的關鍵，但也成為了一種限制。隨著時代的發展，消費者的娛樂需求變得更加多樣化。電玩遊戲、智慧型手機應程式用等新興娛樂方式對傳統玩具市場造成了衝擊。樂高過於依賴積木產品，導致在新興娛樂趨勢面前反應遲緩。例如，在 2000 年初，電玩遊戲市場迅速崛起時，樂高未能及時推出具有競爭力的電玩遊戲產品，失去了一部分年輕消費者市場。

而且，樂高的品牌形象一直與塑膠積木緊密相連，這種強烈的關聯性雖然在傳統玩具市場具有強大的吸引力，但在開拓新市場和吸引新客群時卻成為了障礙。例如，樂高試圖進入女性玩具市場時，由於其品牌被普遍認為是男孩的玩具，面臨著較大的困難。儘管樂高推出了針對女孩的「LEGO® Friends」系列，但在改變品牌形象在女性消費者心中的固有認知方面，仍面臨著挑戰。

樂高在丹麥本土擁有先進的生產設備，對製程有著嚴格的控制。其在全球建立了穩定的供應鏈體系，確保原物料的供應和產品的分銷。這種高效的生產和供應鏈管理使得樂高能夠滿足全球市場的需求，同時保證產品品質的一致性。但是，樂高在全球市場營運，面臨著不同地區的經濟波動、匯率變化等不確定性因素。同時，其對原物料品質的高要求導致成本相對較高。例如，石油價格的波動會影響塑膠原料的成本，樂高在成本控制方面面臨著巨大的壓力。由於其生產設備主要集中在丹麥等已開發國家，勞動力成本也較高。在新興經濟體的低成本玩具競爭下，樂高的價格優勢並不明顯。

樂高一直以創新的產品設計著稱，但隨著企業規模的擴大，創新也面臨著困境。一方面，過於依賴內部研發團隊，可能會限制創意的多樣性；另一方面，在嘗試新的技術和設計理念時，由於擔心破壞現有的成功模式，創新的步伐可能會受到阻礙。例如，在探索 3D 列印技術與積木玩具的結合時，樂高內部存在著不同的聲音，擔心這種新技術會對現有的積木生產和銷售模式造成衝擊。

樂高的案例為中小企業提供了寶貴的啟示。中小企業應對自身的優勢和資源有正確的認知，既要充分利用，又不能過分依賴。要保持創新的精神和勇氣，不斷突破自我，才能在激烈的市場競爭中立於不敗之地。

（一）保持策略靈活性

1. 產品多元化

中小企業不應過度依賴單一產品或產品線。就像樂高過於依賴積木一樣，企業應不斷探索新產品的開發。例如，一家小型食品企業，如果主要生產傳統糕點，可考慮推出健康低糖版本的糕點，或者開發與糕點

相關的飲品等周邊產品。這可以滿足不同消費者的需求，降低因單一產品市場波動帶來的風險。

2. 市場多元化

不要把所有的雞蛋放在一個市場籃子裡。中小企業應積極開拓不同地區、不同消費族群的市場。例如，一家從事手工皮件製作的企業，在單一市場穩定後，可以考慮開拓國際市場，特別是那些對高品質手工製品有需求的已開發國家市場。同時，也可以關注新興經濟體中消費能力不斷提升的中高階消費族群。

（二）動態管理品牌形象

1. 品牌延伸與重塑

中小企業的品牌不應被固定在一種形象或產品類別上。可以透過品牌延伸，將品牌價值擴展到相關或新的產品領域。例如，一家以生產優質戶外背包著稱的企業，可以考慮將品牌延伸到戶外服裝、鞋類等產品上。如果企業發現現有的品牌形象限制了發展，要有勇氣進行品牌重塑。比如，一家傳統的辦公用品企業，如果想進入年輕時尚的辦公空間設計市場，可能需要重塑品牌形象，使其更具現代感和創意性。

2. 品牌傳播的創新

利用新的行銷管道和方式來傳播品牌。在社群媒體時代，中小企業可以透過短影音、直播等方式展現品牌故事、產品製作過程等。例如，一家小型手工藝品企業可以透過影音平臺直播手工藝品的製作過程，吸引更多消費者關注品牌，改變消費者對品牌的傳統認知。

（三）成本控制與供應鏈改良

1. 成本管理

　　中小企業要密切關注成本結構，尋找降低成本的機會。可以透過與供應商談判，爭取更有利的採購價格，改良生產流程，提升效率，降低成本。例如，一家小型機械製造企業，可以透過導入精益生產理念，減少生產過程中的浪費，降低生產成本。同時，也可以考慮外包一些非核心業務，如物流配送等，降低營運成本。

2. 供應鏈分散與在地化

　　為了應對全球市場波動和成本壓力，中小企業可以考慮分散供應鏈。在保證產品品質的前提下，尋找不同地區的供應商，降低對單一供應商或地區的依賴。同時，對於一些面向本地市場的產品，可以考慮供應鏈在地化，減少運輸成本和交貨時間。例如，一家小型家具企業，如果主要市場是特定城市，可以與本地的木材供應商、零件供應商合作，提升供應鏈的靈活性和成本效益。

（四）創新管理

1. 開放創新

　　中小企業不應僅僅依靠內部研發團隊進行創新。可以建立開放創新的模式，與外部的研究機構、大學、供應商，甚至消費者進行合作。例如，一家小型科技企業可以與大學的研究團隊合作，共同開發新的技術產品。同時，也可以透過廣泛募集的方式，讓消費者參與產品設計，獲取更多創意。

2. 創新文化建設

在企業內部營造鼓勵創新、容忍失敗的文化氛圍。讓員工勇敢提出新的想法，嘗試新的業務模式。例如，一家小型廣告公司可以設立創新獎勵機制，對提出創新廣告方案的員工給予獎勵，即使這些方案最終沒有被客戶採納，也應對員工的創新積極性給予肯定。

樂高還在多個方面出現了創新陷阱。

首先，過度依賴授權合作，可能會限制自身原創性的發展。樂高與眾多知名 IP 合作，推出了大量主題式套組，雖然在短期內帶來了可觀的銷量和利潤，但長期來看，可能會讓消費者認為樂高只是一個依賴外部創意的品牌，從而忽視了其自身的創新能力。例如，在某些時間段，市場上樂高的熱門產品大多是基於其他 IP 的授權系列，而樂高原創的主題系列在市場上的影響力和關注度相對較低。

此外，與其他 IP 合作還存在版權和合作風險。合作需要支付高額的授權費用，而且合作關係可能會受到各種因素的影響，如 IP 方的策略調整、版權糾紛等。一旦出現合作問題，樂高可能會面臨產品下架、銷售受阻等風險。

而且，如果樂高過於依賴某幾個熱門 IP，當這些 IP 的討論度下降時，也會對樂高的銷售產生不利影響。

其次，產品系列過度擴張，可能會分散資源和精力。樂高不斷推出新的產品系列和主題，試圖滿足不同消費者的需求和市場的變化。然而，這種過度擴張的策略可能會導致公司的資源和精力被分散，無法集中精力打造核心產品和提升產品品質。比如，在某個階段，樂高同時推出了多個不同主題的積木系列，包括科幻、奇幻、城市打造等。每個系列都需要投入研發、設計、生產、行銷等方面的資源，這使得公司在各個方面的投入都難以做到深入和精細化，從而影響了產品的整體品質和競爭力。

第六章　不確定性，策略決策的無聲敵手

　　同時，過多的產品系列還可能會讓消費者感到困惑，難以理解樂高的核心價值和品牌定位。在面對眾多的產品選擇時，消費者可能會因為無法準確找到符合自己需求的產品而放棄購買，或者對樂高的品牌形象產生模糊的認知。這對於品牌的長期發展是不利的，可能會導致消費者的忠誠度下降。

　　再來，技術創新的不確定性也是一個陷阱。在電玩遊戲和數位產品領域，樂高曾嘗試推出一些基於樂高積木的電玩遊戲和應用程式。然而，這一領域的競爭非常激烈，技術更新換代迅速，樂高在技術研發和市場推廣方面可能面臨較大的挑戰。例如，樂高推出的一些電玩遊戲在玩法和畫面上與其他主流遊戲相比缺乏競爭力，難以吸引玩家的持續關注和投入。而且，數位產品的開發和維護需要大量的資金和技術支援，如果市場反應不佳，可能會對公司帶來較大的損失。

　　在智慧積木方面，樂高也曾嘗試推出將傳統積木與電子元件相結合的產品，以增加產品的互動性和趣味性。但智慧積木的技術難度較高，成本也相對較高，無法確定市場對其的接受度。消費者可能會對智慧積木的穩定性、相容性和安全性存在疑慮，而且智慧積木的玩法和使用情境相對較為複雜，需要消費者具備一定的技術涵養和學習能力，這在一定程度上限制了產品的普及和推廣。

　　最後，忽視消費者需求的本質也是樂高可能陷入的陷阱之一。在創新過程中，樂高有時過於追求產品的複雜設計和高難度搭建，忽視了消費者對於產品的易用性和趣味性的需求。一些樂高產品的搭建過程過於複雜，需要消費者花費大量的時間和精力才能完成，這對於普通消費者，尤其是兒童來說，可能會造成較大的壓力和挫折感，降低了他們對產品的興趣和購買欲望。例如，某些樂高的大型建築系列套裝，零件數量眾多，搭建說明書複雜，讓很多消費者望而卻步。

同時，樂高雖然一直強調其產品的教育價值，但這項價值在部分創新產品中未被充分發揮。雖然樂高的積木可以培養孩子的動手能力、空間思考能力等，但在一些產品中，教育元素的融入不夠深入和系統，無法滿足家長和教育機構對於孩子教育的更高要求。例如，在一些樂高的教育套裝中，教學內容和課程體系的設計不夠完善，無法與學校的教育體系有效銜接，導致產品的教育價值沒有得到充分發揮。

樂高的案例並非孤立存在，在商業世界中，許多企業都曾因為自身所擁有的優勢而陷入類似的陷阱。那麼，企業如何才能避免因自身所擁有的優勢而陷入陷阱呢？

對於樂高來說，首先，它需要保持敏銳的市場洞察力。隨時關注市場的變化和消費者的需求動態，及時調整自己的策略和產品方向。可以透過加強市場調查，深入了解不同年齡層的消費者的玩具需求和喜好變化。同時，關注競爭對手的動態，學習他們的創新之處，以便及時做出反應。例如，利用大數據分析技術，收集和分析消費者的購買行為和回饋資訊，從而更好地了解市場需求，為產品研發和行銷決策提供依據。

其次，樂高要敢創新，不斷突破自己的舒適圈。創新是企業應對不確定性的最有力的武器。只有不斷地推出新的產品和服務，才能在激烈的市場競爭中立於不敗之地。可以擴大對研發的投入，鼓勵員工提出創新的想法和設計。同時，積極與其他產業的企業合作，導入新的技術和理念，為玩具創新提供更多的可能性。但在創新的過程中，要注意控制風險，避免盲目創新。

再來，樂高要建立靈活的組織架構和管理機制。能夠快速地應對市場的變化和競爭的挑戰，及時調整自己的業務模式和營運策略。可以採用扁平化的組織架構，減少決策層級，提升決策效率。同時，建立靈活的專案團隊，鼓勵跨部門合作，以便應對市場的變化。例如，當市場上

出現新的玩具趨勢時，能夠迅速組成專案團隊，整合公司內部的資源，快速推出相應的產品。

此外，樂高要注重風險管理。辨識和評估自身所擁有的優勢可能帶來的風險，並制定相應的風險應對策略。可以建立風險預警機制，定期對公司的業務進行風險評估。同時，透過多元化經營等方式，降低對單一產品或市場的依賴，提升企業的抗風險能力。例如，拓展玩具產品線，進入教育玩具、益智玩具等領域，以分散風險。

最後，樂高要培養員工的創新意識和適應能力。員工是企業的核心競爭力，只有員工具備創新意識和適應能力，企業才能在不斷變化的市場環境中保持競爭力。可以透過舉行內部培訓、創新大賽等方式，激發員工的創新熱情。同時，為員工提供良好的職業發展空間和獎勵機制，吸引和留住優秀人才。例如，設立創新獎勵基金，對提出優秀創新方案的員工進行獎勵。

「你所擁有的，都是你的陷阱」這句話在商業世界中猶如一記警鐘，時刻提醒著企業。樂高雖然已經是成功的企業，但它仍然需要不斷地探索和創新，才能在未來的市場競爭中繼續保持領先地位。

敢嘗試才會「永遠不出錯」

商業世界，不確定性如同一頭凶猛且難以馴服的巨獸，時刻張牙舞爪地威脅著企業的生存與發展之路。它似一團揮之不去的迷霧，悄然瀰漫在企業前行的每一處角落，成為企業策略規劃中最為強大的敵人。然而，面對這一令人膽顫心驚的勁敵，並非毫無應對之策。勇於嘗試，恰如一把閃耀著光芒的利劍，能夠助力企業在不確定性的驚濤駭浪中奮勇前行，因為只有敢嘗試，企業才有可能在摸索與調整中趨近於「永遠不出錯」的理想境界。

一間新興的線上教育企業，在成立之初便意識到了這一點。當時的線上教育市場格局尚未完全形成，眾多參與者都在摸索可行的商業模式。他們首先進行了多元化業務的嘗試。除了原有的核心業務外，還涉足了線上課程的多種類型，包括一些相對小眾或者尚未被市場完全驗證的學科領域。這種多元化業務布局，雖然在一定程度上分散了資源，但卻讓它有機會接觸到不同類型的使用者需求。例如，在早期嘗試推行藝術鑑賞類的線上課程時，發現市場需求雖然存在，但由於難以保證師資能力，以及使用者對這類課程線上教育模式的接受度較低，導致課程的參與度和口碑不佳。然而，他們並沒有因為這次失敗而停止探索其他業務領域的腳步。

他們深知技術對於線上教育的重要性。在技術研發方面，也經歷了一系列的測試過程。他們透過收集大量的使用者樣本，不斷調整演算法，改良模型，經過多次更新，最終開發出了準確率較高，能夠滿足多領域需求的智慧化系統。這一系統不僅提升了使用者的使用感受，還成為了它的一個核心競爭力。

在市場推廣方面，他們也經歷了嘗試的過程。早期，他們採用了大

第六章　不確定性，策略決策的無聲敵手

規模廣告投放的策略，在各大網路平臺投放了大量的廣告，希望能夠迅速提升品牌知名度。然而，這種亂槍打鳥式的推廣方式雖然在一定程度上提升了品牌的曝光度，但卻沒有帶來相應的使用者轉化率。透過對使用者資料的深入分析，他們發現使用者更關注的是課程的品質、師資陣容，以及個人化的學習感受。於是，他們調整了市場推廣策略，從單純的廣告轟炸轉向內容行銷和口碑行銷。例如，透過推出免費的優質課程試聽、邀請知名教育專家進行線上講座、鼓勵使用者分享學習成果等方式，逐漸建立起了良好的品牌口碑，吸引了大量的忠實使用者。

隨著線上教育市場的競爭日益激烈，該線上教育企業也面臨著來自眾多同行的競爭壓力。在應對競爭的過程中，他們也進行了策略嘗試。例如，在與其他線上教育品牌進行差異化競爭時，曾經嘗試推出一些高階訂製化的課程服務，價格相對較高。然而，在市場推廣過程中發現，雖然有一部分高收入家庭對這種高級服務有需求，但市場規模相對較小，無法滿足公司業務快速成長的需求。於是，他們重新評估了市場需求和自身的資源優勢，調整為以提供全民可及的優質教育服務為主，同時針對不同層次的使用者需求推出分層級的課程組合，既滿足了大眾使用者對 CP 值的要求，又能為有更高要求的使用者提供加值服務。

他們的嘗試的成功，主要展現在以下三個方面：

第一，使用者規模的成長：透過不斷地嘗試和策略調整，他們吸引了大量的使用者。從最初的小眾使用者族群，發展到如今亮眼的使用者數量。其使用者涵蓋了從小學到中學各個年齡層的學生，在線上教育產業占有重要的一席之地。

第二，產品與服務的改良：反覆的嘗試過程中促使企業不斷改良產品和服務。

智慧化的系統、個人化課程推薦等一系列技術創新成果，以及豐富

多樣的課程體系和優質的師資團隊，使得平臺能夠為使用者提供高效率、個性化的學習經歷。

第三，市場競爭力的提升：在激烈的市場競爭中，他們憑藉其不斷嘗試所累積的經驗和改良後的策略，脫穎而出。在品牌知名度、使用者口碑、市場占有率等方面都取得了顯著的優勢，能夠在線上教育市場的風雲變幻中保持穩健的發展態勢。

在不確定性成為常態的商業環境中，企業要想成功，就必須勇敢嘗試。敢嘗試是企業在不確定性中探索前行的關鍵策略，只有透過不斷地嘗試和失敗，企業才能逐漸找到正確的發展方向。

接受不確定性

上述的發展歷程表明，企業必須接受商業環境中的不確定性。在面對未知的市場需求、技術挑戰和競爭壓力時，不能畏首畏尾，而是要勇敢地邁出探索的步伐。只有勇於嘗試新的業務、技術和市場策略，才能在不確定性中找到機會。

快速嘗試與迭代

嘗試並不是盲目地犯錯，而是要在快速嘗試的基礎上進行改良。每次嘗試後，他們都會及時收集回饋資訊，分析問題所在，然後迅速調整策略和產品。這種快速改良的能力使得企業能夠及時適應市場的變化，避免在錯誤的道路上越走越遠。

以使用者為中心的嘗試

在嘗試過程中，他們始終以使用者為中心。無論是業務拓展、技術研發，還是市場推廣，都緊密圍繞使用者的需求和感受進行。透過關注使用者的反應，能夠更精準地發現問題，從而提升嘗試的效率和成功率。

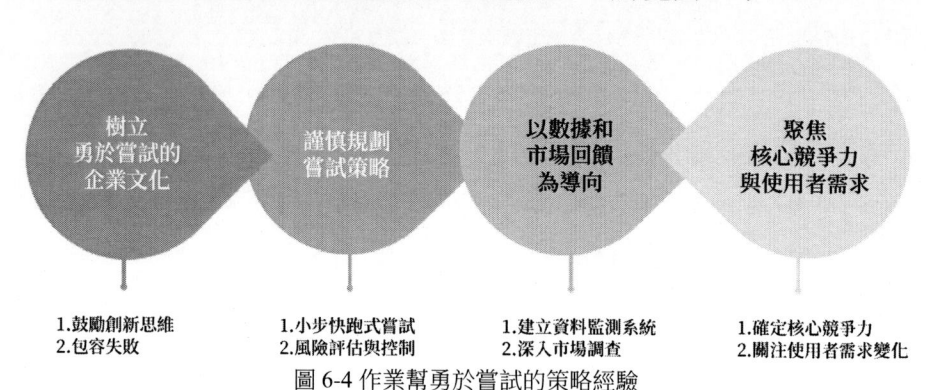

當下中小企業應如何借鑑他們的經驗呢？（詳見圖 6-4）

```
┌─────────────┐  ┌─────────────┐  ┌─────────────┐  ┌─────────────┐
│  樹立       │  │  謹慎規劃   │  │  以數據和   │  │  聚焦       │
│  勇於嘗試的 │  │  嘗試策略   │  │  市場回饋   │  │  核心競爭力 │
│  企業文化   │  │             │  │  為導向     │  │  與使用者需求│
└─────────────┘  └─────────────┘  └─────────────┘  └─────────────┘
 1.鼓勵創新思維   1.小步快跑式嘗試  1.建立資料監測系統 1.確定核心競爭力
 2.包容失敗       2.風險評估與控制  2.深入市場調查     2.關注使用者需求變化
```

圖 6-4 作業幫勇於嘗試的策略經驗

（一）樹立勇於嘗試的企業文化

1. 鼓勵創新思維

中小企業要營造出鼓勵創新的文化氛圍，讓員工敢提出新的想法和建議。對於那些勇於嘗試新事物的員工給予獎勵和支持，即使這些嘗試最終可能失敗。例如，可以設立創新獎勵基金，對於為公司帶來新的業務思路或者技術改進的團隊或個人進行物質和精神上的獎勵。

2. 包容失敗

企業領導者要樹立包容失敗的態度。讓員工明白，嘗試過程中的失敗是正常的，是通往成功的必經之路。不要因為一次失敗就對員工進行嚴厲的指責或者懲罰，而是要引導員工從失敗中記取教訓，總結經驗。

例如，在專案失敗後，舉行專門的檢討會議，分析失敗的原因，鼓勵員工分享自己在專案中的收穫和不足。

（二）謹慎規劃嘗試策略

1. 小步快跑式嘗試

　　中小企業由於資源有限，在嘗試時不能像大型企業那樣大規模地投入。可以採用小步快跑的方式，先進行小規模的測試專案。

　　例如，在推出一款新產品時，可以先在某個特定的區域或者針對某個利基市場進行小範圍的推廣測試，收集使用者回饋後再決定是否擴大規模。

2. 風險評估與控制

　　在嘗試之前，要對可能面臨的風險進行全面評估。

　　包括市場風險、技術風險、財務風險等。制定相應的風險控制措施，確保嘗試過程不會對企業的生存造成致命的威脅。例如，在進行一項新的技術研發嘗試時，可以設置合理的預算上限，一旦研發成本超過這個上限，就要重新評估專案的可行性。

（三）以數據和市場回饋為導向

1. 建立資料監測系統

　　中小企業要重視資料的收集和分析。建立完善的資料監測系統，追蹤測試專案的各項指標數據，如使用者流量、轉化率、滿意度等。透過對這些數據的分析，能夠及時發現嘗試過程中的問題和潛在機會。例如，透過對使用者行為資訊的分析，可以了解使用者對產品功能的使用偏好，從而對產品進行改良。

2. 深入市場調查

除了資料監測，還要深入進行市場調查。了解市場的需求變化、競爭對手的動態，以及產業的發展趨勢。在測試過程中，根據市場調查的結果及時調整策略。例如，定期與使用者進行面對面的交流，對焦點小組進行訪談，獲取最直接的市場回饋。

(四) 聚焦核心競爭力與使用者需求

1. 確定核心競爭力

中小企業要清楚地意識到自己的核心競爭力所在。

在嘗試過程中，要圍繞核心競爭力進產業務拓展和策略調整。例如，如果企業的核心競爭力是在某個特定領域的技術研發能力，那麼在嘗試時就要考慮如何將這種技術優勢應用到新的產品或服務中，而不是盲目地涉足與自身技術優勢無關的領域。

2. 關注使用者需求變化

使用者需求是企業生存和發展的根基，中小企業要在嘗試過程中以滿足使用者需求為目標。例如，隨著消費者對環保意識的提升，如果企業是生產消費品的，就可以在產品包裝、原物料選擇等方面進行嘗試性的改進，以滿足使用者對環保產品的需求。

對於當下的中小企業來說，雖然面臨著資源有限、競爭壓力大等諸多挑戰，但只要能夠借鑑成功的經驗，樹立勇於嘗試的企業文化，謹慎規劃嘗試策略，以數據和市場回饋為導向，聚焦核心競爭力和使用者需求，就能夠在複雜多變的市場環境中實現策略覺醒，找到適合自己的發展道路，實現永續的發展，在不斷的嘗試中走向正確的成功彼岸。

擁抱不確定性，注重長期和整體

不確定性，宛如商業世界中如影隨形的幽靈，是策略的強大勁敵。在當今瞬息萬變的商業世界中，企業面臨著前所未有的不確定性。市場動態、技術革新、政策法規的調整，以及全球經濟格局的變化等諸多因素相互交織，使得企業的發展之路充滿了變數。然而，正是在這樣的環境下，那些能夠擁抱不確定性、注重長期和整體策略規劃的企業，才有機會在激烈的競爭中脫穎而出。一間成功的生技製藥公司，其發展歷程為我們展現了一家企業如何在生物製藥這個高度複雜和不確定的領域中，透過擁抱不確定性、注重長期和整體策略規劃而取得成功的。

這家生技製藥公司創立之初，該領域雖然充滿潛力，但也面臨著諸多不確定性。一方面，生物技術的研發需要龐大的資金投入，且風險極高，成功研發出一款有效的生物藥品需要跨越重重技術關卡，從標靶發現到臨床前研究，再到漫長的臨床試驗，每一個環節都可能失敗。另一方面，市場對於生物藥品的接受程度和購買意願也並不明確。

創立之初，他們就確立了專注於生物藥品研發的長期策略方向。這一決策是基於對全球醫藥市場發展趨勢的整體判斷。儘管面臨諸多不確定因素，但公司創始人堅信隨著人們健康需求的提升和技術的進步，生物藥品必將在未來的醫藥市場中占據重要地位。這種對大方向的掌握展現了他們一開始就注重整體的策略眼光。

研發過程中的不確定性管理

1. 技術研發的風險應對

　　他們在研發過程中遇到了無數的技術上的挑戰。例如，在開發某款單株抗體藥物時，面臨著蛋白表達量低、穩定性差等問題。研發團隊沒有因為這些技術難題而退縮，而是積極探索不同的技術路線，與全世界的研究機構和企業進行合作。他們透過引進先進的技術平臺、吸引頂尖的科學研究人才，逐步克服了技術上的障礙。從這種積極應對技術不確定性的做法，可以看出他們在研發策略上的靈活性和長期投入的決心。

2. 臨床試驗的挑戰與應對

　　臨床試驗是生物藥品研發過程中的關鍵環節，也是充滿不確定性的階段。臨床試驗結果受到多種因素的影響，如患者的招募、樣本量的大小、試驗方案的設計等。他們在進行臨床試驗時，遇到了患者招募困難等問題。為了解決這一問題，公司積極與各大醫療機建構立合作關係，擴大患者招募管道。同時，在試驗方案設計方面，充分考慮到各種可能的變數，採用靈活的試驗設計方法，以提升試驗結果的可靠性。

市場競爭與政策環境的不確定性應對

1. 市場競爭壓力

　　生物製藥產業競爭激烈，全球眾多藥廠紛紛布局。他們面臨著來自各地大型藥廠的競爭壓力。國際藥廠在技術、品牌和市場占有率方面具有優勢，而其他同行也在不斷追趕。他們透過差異化的產品策略來應對

市場競爭的不確定性。例如，針對一些尚未被滿足的臨床需求，開發具有獨特作用機制的生物藥產品。同時，不斷提升自身的產品品質和製程水準，以提升產品的競爭力。

2. 政策環境的影響

醫藥產業的政策法規對企業的發展有著極為重要的影響。該企業密切關注政策變化，積極參與政策制定過程中的溝通與交流。當藥品制度進行變革時，他們便及時調整內部的研發和申請流程，充分利用政策機遇，加快產品的上市速度。

該生技製藥企業注重長期和整體的策略，主要展現在他們的長期策略、整體策略和合作策略幾個方面：

長期策略：建構完整的生物藥研發路線

他們從創立至今，一直致力於建構完整的生物藥研發路線。公司不僅僅關注單一產品的研發，而是著眼於多個疾病領域、多種不同機轉的生物藥品開發。目前，他們的研發路線涵蓋了腫瘤、自體免疫病等多個領域，擁有多個處於不同研發階段的產品。這種長期的、全面的研發路線布局，使得他們在生物製藥領域具有較強的抗風險能力。即使某個產品在研發或市場推廣過程中遇到問題，其他產品的研發進展仍然可以支撐公司的整體發展。

整體策略：從研發到商業化的全產業鏈布局

該企業不僅在研發環節投入了大量資源，還注重從研發到商業化的整體產業鏈布局。在研發方面，建立了先進的研發平臺，包含抗體發

現、細胞株建構、製程開發等多個環節。在生產方面，建置了符合國際標準的生產基地，確保產品的品質和供應能力。在商業化方面，組成了專業的銷售團隊，積極拓展市場。這種整體產業鏈的布局可以看出他們從整體出發，整合資源，提升企業整體營運效率的策略方向。

合作策略：全球的廣泛合作

該企業深知在全球生物製藥領域，單憑自身力量難以實現快速發展。

因此，公司積極進行全世界的廣泛合作。與國際藥廠合作，不僅能夠引進先進的技術和研發理念，還可以藉助合作夥伴的全球市場通路，加速產品的國際化。同時，在國內與研究機構的合作，有助於整合當地的科學研究資源，提升自身的研發能力。這種合作策略展現了他們在策略布局上的開放性和整體。

對於中小企業來說，如何擁抱不確定性、注重長期和整體策略規劃，抓住機會在激烈的競爭中脫穎而出呢？

（一）策略層面的建議

1. 樹立長期導向的理念

中小企業在制定策略時，要克服短期逐利的思考模式。生物製藥產業等尖端技術領域的研發週期長、投入龐大，如果只注重短期的利益回報，很難在產業中立足。中小企業應該像上述的企業一樣，確立一個長期的發展方向，例如專注於某個具有潛力的利基市場或技術領域，並且堅定不移地朝著這個方向努力。即使在短期內面臨資金壓力、市場波動等困難，也要堅守長期策略目標。

2. 進行整體規劃

(1) 整體產業鏈思考：中小企業不能只局限於自身的某一個業務環節，要從整體產業鏈的角度進行規劃。以製造業為例，如果是一家零組件生產企業，除了關注自身的製程提升外，還要考慮上游原物料的供應穩定性、下游企業對零組件的需求變化以及整個產業的技術發展趨勢。對於有能力的企業，可以嘗試向產業鏈的上下游延伸，提升自身的抗風險能力。

(2) 多業務布局（適用於有一定規模和資源基礎的中小企業）：如果企業在某一核心業務上已經有了一定的發展，可以考慮進行相關多元化業務布局。但要注意這種多元化布局應該基於企業現有的資源和能力，並且要與核心業務有協作效應。例如，一家軟體技術企業在擁有穩定的軟體產品後，可以考慮進行與軟體配套的硬體產品研發，或者涉足與軟體相關的資料分析、顧問等服務領域。

（二）應對不確定性的建議

1. 建立靈活的組織架構和決策機制

中小企業通常規模較小，靈活性是其優勢。要建立一個能夠快速回應外部變化的組織架構，減少層級，提升決策效率。例如，可以採用專案制的組織架構，針對不同的市場機會或技術挑戰成立專門的專案團隊，團隊成員來自不同的部門，具有不同的專業技能。在決策機制方面，要鼓勵基層員工參與決策過程，因為他們往往最接近市場和客戶，能夠及時發現問題和機會。

2. 加強風險管理

(1) 風險辨識與評估：中小企業要建立完善的風險辨識和評估體系。定期對企業面臨的各種風險進行分析，包括市場風險（如市場需求變化、競爭對手的行動）、技術風險（如技術創新的替代、研發失敗的可能性）、財務風險（如資金鏈斷裂的風險、債務風險）等。透過建立風險矩陣等工具，對風險的可能性和影響程度進行量化評估。

(2) 風險應對策略：根據風險評估的結果，制定相應的風險應對策略。對於高可能性、高影響程度的風險，如核心技術研發失敗的風險，可以採取風險分散的策略，如同時進行多個研發專案，或者與外部研究機構合作共同研發。對於低可能性、高影響程度的風險，如重天然災害對企業生產設施的破壞風險，可以採取風險轉移的策略，如購買相關的保險。

（三）資源管理方面的建議

1. 人力資源管理

(1) 吸引和留住人才：中小企業在吸引人才方面可能面臨挑戰，但可以透過獨特的企業文化、良好的職涯發展機會等方面來吸引人才。例如，強調企業的創新文化、給予員工更多的自主權和發展空間。在留住人才方面，要建立合理的薪酬體系和員工獎勵機制，不僅僅是物質獎勵，還包括精神獎勵，如表揚優秀員工、提供培訓和晉升機會等。

(2) 人才培養：注重員工的培養和發展，根據企業的策略需求，制定個性化的培訓計畫。對於生物製藥企業來說，要為員工提供參加各地的學術會議、與產業專家交流的機會，不斷提升員工的專業素養。同時，鼓勵員工內部輪調，拓寬員工的視野和技能，使其能夠適應企業多方面的業務需求。

2. 資金資源管理

(1) 多元化融資管道：中小企業在發展過程中往往面臨資金短缺的問題。除了傳統的銀行貸款外，要積極開拓多元化的融資管道。例如，尋求風險投資、天使投資人，對於符合條件的企業可以嘗試透過資本市場進行融資。同時，政府也會發表一些針對中小企業的扶植政策，如科創新基金等，企業要積極爭取這些政策資金的挹注。

(2) 資金的合理運用：在獲得資金後，要合理規劃資金的運用。制定詳細的預算計畫，確保資金優先投入到企業的核心業務和關鍵發展專案上。例如，對於生物製藥企業，研發資金應該著重在保障高潛力的研發專案，同時合理安排生產設備建置和市場推廣的資金。

(四) 合作與創新方面的建議

1. 合作策略

(1) 產業內合作：中小企業要積極與同產業的企業進行合作。這種合作可以是技術共享、聯合研發、市場共拓等形式。例如，在電子產業，一些中小企業可以聯合起來共同開發新的晶片技術，共享研發成果，然後各自利用自身的市場通路進行產品推廣。透過產業內合作，可以整合資源，降低研發成本，提升企業的競爭力。

(2) 跨產業合作：尋找跨產業的合作機會也可以為中小企業帶來新的發展機遇。例如，一家傳統的紡織企業可以與科技公司合作，開發線上訂製化紡織產品的業務。跨產業合作可以將不同產業的優勢資源進行整合，創造出全新的商業模式和產品。

2. 創新策略

(1)技術創新：中小企業要把技術創新作為企業發展的核心動力。可以透過擴大研發投入、建立企業內部的研發中心等方式提升企業的技術創新能力。同時，要關注產業的技術前瞻動態，積極引進和吸收外部的先進技術。例如，在新能源汽車領域，中小企業可以關注電池技術、自動駕駛技術等技術的發展，將相關技術應用到自己的產品中。

(2)商業模式創新：除了技術創新，商業模式創新也可以為中小企業開闢新的市場空間。例如，共享經濟模式下，許多中小企業透過改變傳統的產品銷售或服務提供模式取得了成功。中小企業可以從客戶需求出發，重新審視自己的商業模式，探索新的盈利方式。

對於中小企業來說，雖然面臨著資源有限、競爭壓力大等諸多挑戰，但只要能夠從策略、不確定性應對、資源管理、合作與創新等多個方面借鑑成功企業的經驗，制定適合自身發展的策略規劃，就有可能在激烈的市場競爭中茁壯成長，實現永續發展。企業策略的覺醒不是一蹴可幾的，需要企業領導者具備敏銳的市場洞察力、堅定的信念和勇於變革的決心，帶領企業在不確定性中掌握機遇，走向未來。

第七章
打破邊界 —— 以認知進化突破瓶頸

在商業的洶湧浪潮中,策略如同指引航行的羅盤,而認知升級則是突破策略瓶頸的關鍵金鑰。這不是簡單的思維更新,而是如鳳凰涅槃般能帶來新生的強大力量。舊有觀念的枷鎖、傳統模式的束縛、產業定式的局限,都在認知升級的衝擊下土崩瓦解。

第七章　打破邊界──以認知進化突破瓶頸

認知是一種「寬頻資源」

在商業世界裡，我們常常目睹這樣的景象：企業在傳統模式的泥沼中艱難跋涉，成長的步伐越來越遲緩，市場占有率似流沙般從指縫間溜走，競爭力也在不知不覺間變得脆弱不堪。這一切背後的根源，往往是認知被無形的枷鎖禁錮，局限在了狹窄的範圍之內。就像一艘在茫茫大海中失去方向的船隻，企業在市場的波濤洶湧中迷失方向，茫然不知所措。然而，當企業鼓起勇氣，毅然打破舊有認知的桎梏，如同鳳凰涅槃般不斷更新思考方式與觀念時，就如同在黑暗中點亮了一盞明燈，會在風雲變幻的市場中敏銳地捕捉到新的機遇，從而開闢出一片嶄新的天地。認知，在商業世界裡恰似一股強大而無形的「寬頻資源」，它蘊含的力量如同潛藏於地底的熾熱岩漿，一旦噴發，足以改變企業發展的地貌。

為什麼說認知是一種「寬頻資源」呢？這其中蘊含著深刻而豐富的內涵。

第一，認知的廣度可以類比為寬頻的頻寬。

就像寬頻的頻寬決定了能夠同時傳輸的資料量一樣，認知的廣度決定了企業能夠涉獵的領域範圍。一個認知廣度有限的企業，可能僅僅專注於自身所處的狹小產業空間，對周圍相關的新興領域、跨產業的合作機會視而不見。例如，傳統的製造業企業如果僅僅關注自身產品的製程和成本控制，而忽視了網路技術帶來的智慧製造、供應鏈管理改良以及與其他產業跨界融合產生新商業模式的可能性，那麼它就如同在一條狹窄的資訊通道裡艱難前行，無法獲取更廣泛的資源和發展機會。相反的，認知廣泛的企業，能夠像擁有大頻寬的寬頻一樣，同時處理來自不同領域的資訊，融合看似毫不相干的概念、技術或市場需求，創造出全新的產品或服務模式。

第二，認知的深度則可以類比為寬頻的訊號強度。

認知深度如同訊號穿透層層阻礙直達本質的能力，深刻的認知能夠讓企業穿透市場表象的迷霧，深入到消費者需求的核心、產業發展的內在邏輯以及競爭態勢的本質之中。以一家餐飲企業為例，如果僅僅停留在表面的菜色口味和餐廳裝潢，而沒有深入探究消費者對健康飲食、用餐感受背後的文化內涵以及餐飲產業與農業、旅遊等相關產業聯動發展的深層關係，那麼它在面對市場波動、競爭對手差異化策略時就會顯得力不從心。而擁有深度認知的企業，就像具有強力訊號的寬頻一樣，能夠穩定而精準地掌握市場脈動，做出具有前瞻性的明確決策。

第三，認知升級與寬頻升級類比，就像寬頻技術不斷升級以滿足日益成長的資料傳輸需求一樣，企業的認知也需要不斷升級。

市場環境如同資訊海洋，其資訊的數量和複雜程度在不斷增加。企業如果故步自封，抱著一成不變的認知，就如同使用著老舊的、無法滿足現代化需求的寬頻技術。例如，曾經輝煌一時的膠捲相機企業，當數位技術浪潮洶湧而來時，如果不能及時升級認知，跳脫傳統的膠捲生產和相機製造的思考模式，意識到數位影像技術將徹底改變攝影產業的未來，那麼必然會被時代所淘汰。而那些能夠不斷進行認知升級的企業，就像緊跟寬頻升級步伐的使用者一樣，始終能夠適應市場的快速變化，在新的商業格局中占據一席之地。

第四，從資料傳輸的角度來看，寬頻資源決定了資料傳輸的速度和容量。

認知也有類似的特點。企業內部和外部都有著大量的資訊需要傳輸，包括市場資訊、消費者回饋、技術創新成果等。如果企業的認知能力有限，就像一條傳輸速度緩慢、容量狹小的寬頻，資訊在企業內部的流通會受到嚴重阻礙，各個部門之間無法及時共享有效資訊，對外部市

第七章　打破邊界—以認知進化突破瓶頸

場變化的反應也會變得遲鈍。例如，在一些大型集團中，如果不同部門之間的有巨大的認知差異，缺乏共同的認知架構，就會出現市場部門已經察覺到消費者需求的重大轉變，但研發部門卻因認知滯後無法及時調整產品研發方向的情況。相反的，擁有良好認知資源的企業，能夠像高速大流量的寬頻一樣，迅速地在企業內外傳輸資訊，從而提升企業的整體營運效率和對市場的反應速度。

第五，在知識更新的速度方面，良好的認知就像高速的寬頻網路。

在當今知識爆炸的時代，各個領域的知識都在以驚人的速度更新換代。

企業需要不斷獲取新知識、新技能，才能在激烈的市場競爭中保持領先地位。如果企業的認知猶如老舊的撥接上網，知識更新緩慢，那麼它在面對產業內的新知識、新技術、新趨勢時就會顯得無知和被動。例如，隨著人工智慧技術在各個產業的廣泛應用，如果企業不能快速更新對人工智慧的認知，了解其在自身業務中的應用潛力，如利用人工智慧進行客戶服務改良、生產流程自動化、市場預測等，就會錯失提升競爭力的大好機會。而具有高速認知升級能力的企業，就像使用高速寬頻網路一樣，能夠及時跟上知識更新的步伐，將最新的知識成果轉化為實際的商業價值。

第六，從溝通合作角度，寬頻資源保障了不同個體或系統之間交流的順暢。

在企業內部，員工之間、部門之間需要進行有效的溝通合作；在企業外部，企業與供應商、合作夥伴、客戶之間也需要建立良好的溝通關係。認知在這裡就如同寬頻資源一樣，是實現順暢溝通合作的基礎。如果企業內部成員的認知程度參差不齊，缺乏共同的認知基礎，就像不同的設備使用不同的通訊協定一樣，會導致溝通障礙和合作效率低下。例

如，一個由行銷人員、技術人員和管理人員組成的專案團隊，如果行銷人員只關注產品的外觀和市場推廣策略，技術人員只專注於技細節，管理人員只關心成本和進度，而彼此之間缺乏對整個專案目標和市場需求的一致性認知，那麼這個團隊很難有效率地完成專案任務。而當企業擁有共享的、廣泛而深入的認知資源時，就像所有設備都連接在一條高速而穩定的寬頻網路上一樣，使得內部員工和外部合作夥伴之間可以無縫溝通與高效合作。

同時，認知作為一種「寬頻資源」也需要不斷地拓展和改良。就像寬頻技術需要不斷升級來滿足日益增加的資料傳輸需求，人們也需要透過學習、實踐、反思等方式來拓寬和加深自己的認知，以適應複雜多變的世界。企業不能滿足於現有的認知程度，而要不斷探索未知領域，從不同的經驗和失敗中記取教訓，不斷改善認知結構。這是一個持續的、永無止境的過程，就像寬頻技術的發展永遠在追求更快的速度、更大的頻寬和更穩定的訊號一樣。

有一間醫療籌資平臺企業，它的發展歷程生動地詮釋了認知作為「寬頻資源」的重要性。

在成立初期，該企業主要透過他們的公益籌資平臺，為身患重病卻無力承擔醫療費用的患者提供籌資管道。憑藉著創新的商業模式和強大的社交傳播能力，迅速獲得了廣泛的關注和認可。這一階段，他們對自身業務的認知主要集中在公益服務領域，透過利用社交網路的力量，搭建起患者與愛心人士之間的籌資橋梁。這就像是在認知的寬頻中開闢了一條公益服務的專線，雖然這條專線已經有所成效，但公司並沒有滿足於此。

隨著公司的發展，他們從公益籌資到商業保險的認知轉變。

公司意識到，僅僅提供籌資服務雖然能夠幫助很多有需要的人解決燃眉之急，但無法從根本上解決廣大的醫療保障問題。商業保險作為一

第七章　打破邊界—以認知進化突破瓶頸

種風險分擔機制，可以為更多人提供長期穩定的醫療保障。於是，公司開始涉足保險經紀業務。這一認知的轉變就如同拓寬了公司認知頻寬的頻寬，將業務範圍從單一的公益領域擴展到了商業保險領域。

在這個過程中，公司需要克服許多認知上的障礙，比如如何平衡公益形象與商業利益的關係，如何讓使用者接受從公益平臺到商業保險平臺的轉變等。

而後，他們又進行了從保險經紀到健康服務的認知拓展。公司意識到，醫療保障只是健康服務其中一個部分，人們對於健康的需求是全方位的，包括健康管理、疾病預防、醫療服務整合等多個面向。於是，他們開始整合上下游資源，試圖建構一個完整的健康服務生態系統。這一認知的拓展就如同增強了認知頻寬的訊號強度，使公司能夠深入到健康服務領域的更深處，挖掘更多的商業機會。

在這個瞬息萬變的商業時代，公司能夠精準捕捉市場趨勢，這得益於它深刻理解認知的重要性。首先，他們具有敏銳的市場洞察力。它能夠在眾多的市場訊號中準確辨識出消費者對醫療保障和健康服務的潛在需求，無論是對公益籌資的需求，還是對商業保險和全方位健康服務的需求，公司都能及時捕捉並作出反應。這就像在認知頻寬中擁有一個高靈敏度的訊號接收器，能夠接收並解讀微弱的市場訊號。

其次，他們具備持續的學習和創新精神。在不斷拓展業務領域的過程中，不斷學習新的知識，無論是保險產業的專業知識和是健康服務領域的尖端技術，還是市場行銷的新策略，公司都積極吸收並應用到實際業務中。同時，不斷創新商業模式，從社交籌資模式，到網路保險模式，再到建構健康服務生態系統的創新嘗試，每一步都展現出了公司的創新能力。這就如同不斷升級認知頻寬的技術，以適應不斷變化的市場資料傳輸需求。

再者，他們擁有強大的資料分析能力。在網路時代，資料就是財富。透過對大量使用者資料的分析，深入了解使用者的行為習慣、需求偏好和風險特徵，從而為使用者提供更加精準的服務。例如，透過分析使用者在平臺上的籌資用途、金額、地區分布等資料，以及使用者在的保險購買行為、理賠紀錄等資訊，公司可以依據這些資訊改良產品設計、定價策略和行銷活動。這就像是在認知頻寬中建立了一個高效率的資料傳輸和處理中心，提升了資訊的利用效率。

對於眾多的中小企業來說，它們往往在發展過程中更容易遇到策略瓶頸，那麼如何利用認知這一「寬頻資源」突破困境呢？

提升市場洞察力是關鍵的第一步

建立市場調查機制是提升市場洞察力的基礎。中小企業需要像建置認知頻寬的基礎設施一樣，建立一套完善的市場調查體系。這包括確定調查目標、選擇調查方法、收集和分析資料等環節。例如，一家小型的食品企業想要推出一款新的健康食品，就需要透過市場調查了解消費者對健康食品的需求趨勢、競爭對手的產品特色以及市場的潛在規模等資訊。

培養使用者思維也是不可或缺的。中小企業要站在使用者的角度去思考問題，就像提升認知頻寬的使用者經驗一樣。企業要深入了解使用者的需求、關鍵問題和期望，從產品設計、服務提供到行銷策略都要以滿足使用者需求為出發點。

比如一家小型的軟體開發企業，要了解使用者在使用軟體過程中遇到的困難，以及他們對軟體功能和介面的期望，從而不斷改進產品。

關注產業趨勢如同關注認知頻寬的技術發展趨勢一樣重要。中小企

業要時刻關注產業的技術創新、政策變化、市場競爭格局的演變等。例如，在新能源汽車產業迅速發展的背景下，相關的零組件供應商企業就需要密切關注產業趨勢，及時調整自己的產品研發方向和生產規模，以適應新能源汽車企業的需求。

加強學習和創新能力是利用認知資源的重要環節

　　建立學習型組織對於中小企業來說是一種有效的方式。這意味著企業要營造一種鼓勵員工學習、分享知識的文化氛圍，就像打造一個認知廣泛的學習社群一樣。企業可以定期舉行內部培訓、學習與交流活動，鼓勵員工參加外部的培訓課程和產業研討會等。

　　鼓勵創新文化也是極為重要的。中小企業要容忍失敗，鼓勵員工提出新的想法和創意。例如，一家小型的創意設計公司可以設立創新獎勵機制，對提出優秀創意的員工給予物質和精神上的獎勵，從而激發員工的創新積極性。

　　加強技術研發投入則是提升創新能力的物質基礎。中小企業雖然資源有限，但也要根據自身的發展策略合理安排技術研發投入。例如，一家小型的智慧製造企業可以與大學或研究機構合作，共同推進技術研發專案，藉助外部資源提升自身的技術水準。

　　提升資料分析能力也是中小企業利用認知資源的有效途徑，建立資料分析團隊就像建立認知頻寬的技術維護團隊一樣重要。中小企業要應徵和培養資料分析人才，建立一支專業的資料分析團隊。例如，一家小型的電商企業可以招募資料分析師，負責對網站流量、使用者購買行為等資料進行分析。

　　導入資料分析工具是提升資料分析效率的必要手段。中小企業可以

根據自身的業務需求和預算，選擇合適的資料分析工具，如一些簡單易用的商業智慧軟體等。

建立資料驅動的決策機制是最終目的。中小企業要讓資料數據成為決策的重要依據，而不是僅憑經驗或直覺做出決策。例如，一家小型的服裝企業可以根據銷售量、庫存量等分析結果，來決定下一季的服裝款式、生產數量和行銷策略。

認知作為一種「寬頻資源」，對於企業的發展具有不可替代的重要意義。透過認知升級，企業可以像不斷升級寬頻一樣，不斷拓寬自己的視野，提升自己的競爭力，突破策略瓶頸。中小企業可以透過提升市場洞察力、加強學習和創新能力、提升資料分析能力等方式，充分利用認知這一「寬頻資源」，在當今快速變化的商業環境中，實現企業的永續發展，在激烈的市場競爭中乘風破浪，駛向成功的彼岸。

第七章　打破邊界—以認知進化突破瓶頸

在煉獄中走過，回到人間的每天都是天堂

　　在企業的漫漫征途中，策略瓶頸猶如一道難以踰越的天塹，將企業困於煉獄之中。每一個決策、每一步發展都充滿了艱辛與挑戰，彷若在荊棘叢中艱難前行。然而，正是這煉獄般的磨礪，為企業帶來了認知升級的珍貴機遇。這一過程，不是簡單的痛苦承受，而是在痛苦中破繭成蝶的蛻變。

　　企業在策略瓶頸的煉獄中，需要以全新的眼光看待周圍的一切。認知升級，這個關鍵的理念，成為企業突破瓶頸的核心力量。它要求企業重新評估自己的商業模式、市場定位，以及所提供的產品和服務。要達成這一目標，企業首先要擁有開放的心態，就像打開一扇通往新世界的大門，積極接納各種新的觀念和思想。同時，深入的市場調查和分析是必不可少的，這能讓企業準確掌握市場的脈動，洞察隱藏在市場深處的機遇與威脅。再者，加強企業內部的學習和創新機制，如同為企業注入源源不斷的活力之泉，讓企業在知識和創意的驅動下不斷前進。

　　一間電池的生產商，從誕生的那一刻起，它就踏上了充滿艱難險阻的征程，如同置身煉獄之中。

　　在技術創新的道路上，他們遇到了重重難題。新的技術研發猶如攀登陡峭的山峰，每一步都需要付出巨大的努力。研發過程中，他們面臨著技術原理的探索、材料的改良、製程的進步等諸多挑戰。然而他們的科學研究人員並沒有退縮，他們以堅韌不拔的毅力不斷嘗試新的方案，攻克一個又一個技術難關。

　　市場競爭的壓力，對於他們而言，就像一座沉甸甸的大山壓在頭頂。在當時的市場環境下，眾多企業紛紛湧入動力電池領域，競爭異常

激烈。他們深知，在這場殘酷的競爭中，唯有不斷提升自身的競爭力，才能夠站穩腳跟。於是，他們做出了一系列積極的舉措。

他們擴大了對研發的投入，不斷探索提升產品效能和品質的方法。他們深知產品是企業的命脈，只有高效能、高品質的產品才能在市場上贏得一席之地。同時，改良生產流程也成為他們降低成本的重要手段。透過對生產流程的細緻梳理和改進，去除冗餘環節，提升生產效率，從而在不降低產品品質的前提下降低成本。此外，他們還將目光聚焦在客戶身上，深刻了解到滿足客戶的個性化需求是贏得市場的關鍵。例如，某汽車製造商對動力電池提出了高續航里程的要求。研發團隊迅速響應，專門為其打造了一款高效能的動力電池。這款電池凝聚了諸多先進技術，不僅具有高能量密度，能夠為汽車提供更長的續航里程，而且還具備快速充電和長壽命的優點。當這款電池交付使用後，立即贏得了客戶的高度讚譽。這種以客戶為中心的理念，就像一把銳利的武器，讓他們在市場競爭中始終保持著強大的競爭力。

政策環境的變化，也是企業在發展過程中不得不應對的挑戰。隨著全球對環境保護和永續發展的重視，新能源政策不斷調整。他們積極對政策的號召做出回應，主動適應政策的變化。

在技術創新方面，他們不斷推出令人矚目的高效能動力電池產品。

他們研發的三元鋰電池和磷酸鐵鋰電池，在能量密度、安全性和成本方面都展現出顯著的優勢。這兩種電池的問世，極大地滿足了市場對新能源汽車在續航里程、安全性和可靠性方面的迫切需求。同時，他們並沒有滿足於現有的技術成果，而是積極投入到新電池技術的研發中，如固態電池、鈉離子電池等。這些前瞻性的研發工作，為未來新能源汽車產業的發展奠定了堅實的技術基礎。創新的技術不僅提升了產品的效能，還透過改良製程降低了成本。這使得新能源汽車的價格更加親民，

第七章　打破邊界—以認知進化突破瓶頸

有力地推動了新能源汽車市場的快速發展。

在市場拓展方面，他們展現出了廣闊的視野和宏大的策略布局。不再將目光局限於地區市場，而是積極向國際市場進軍。與國際知名車廠建立了策略合作關係。這些合作關係的建立，不僅為他們帶來了更多的業務機會，也為全球新能源汽車產業的發展提供了強大的動力支持。為了融入國際市場，他們還在歐美等地建立了生產基地。透過在地化生產和服務，他們能夠更加迅速地回應客戶需求，大幅提升了市場競爭力。

在品牌形象提升方面，他們也作出了積極的努力。透過持續的技術創新和市場拓展，他們贏得了客戶的高度信任和廣泛好評。客戶產品的認可，是對其品牌形象的最好支撐。同時，他們積極參與社會公益活動，履行企業社會責任。在環保、教育等多個領域，都能看到他們積極貢獻力量的身影。這種積極的社會形象塑造。

他們的具體措施，淋漓盡致地展現了認知升級的龐大力量。加強研發投入是他們始終堅守的策略。他們深知在科技飛速發展的今天，只有不斷投入研發，才能在技術上保持領先地位。大量的資金投入到新技術、新產品的研發中，吸引了眾多優秀的科學研究人才加入。

拓展應用情境也是他們的一項重要舉動。他們不僅僅滿足於將電池應用於傳統的新能源汽車領域，還積極探索在儲能系統、電動船舶等其他領域的應用。這種多元化的應用情境拓展，帶來了更廣闊的市場空間。

他們同樣高度重視提升使用者經驗。從電池的效能改良到售後服務的完善，他們始終將使用者放在首位。他們不斷改進電池的充電速度、使用壽命等效能指標，同時建立了完善的售後服務網路，確保使用者在使用過程中遇到的任何問題都能及時得到解決。

他們從困境中崛起的歷程，充分表現了其頑強打拚的精神。在成立初期，資金緊張如同緊箍咒一般束縛著企業的發展，技術瓶頸像一道道無法跨越的鴻溝橫亙在面前，市場競爭的壓力更是如影隨形。然而，他們的團隊並沒有被這些困難嚇阻。研究人員在艱苦的條件下，自己動手製作實驗設備，日夜奮戰在實驗室裡。他們經歷了無數次的嘗試和失敗，但始終堅定地走在技術創新的道路上。最終，他們成功研發出具有競爭力的動力電池產品，邁出了走向成功的關鍵一步。

　　在應對危機方面，他們展現出了非凡的智慧。在市場波動、政策變化、競爭對手挑戰等危機面前，他們總能憑藉敏銳的洞察力和果斷的決策，將危機轉化為機遇。例如，當動力電池價格大幅下降時，這對於許多企業來說可能是一場滅頂之災，但他們卻迅速調整策略。他們一方面加強成本控制，透過改良生產流程、降低原物料採購成本等方式來應對價格下降的壓力；另一方面，他們提升產品效能和品質，以更高 CP 值的產品來吸引客戶。透過這種方式，成功提升了市場競爭力。

　　持續創新的精神，如同他們發展壯大的靈魂。他們始終保持著對新技術、新產品的執著追求，不斷擴大在固態電池、鈉離子電池等領域的研發投入。積極與各個研究機構合作，共同攻克技術問題。這種持續創新的精神，為新能源汽車產業的未來發展帶來了重大變革的希望。

　　他們的故事就像一部充滿勵志和啟示的史詩。它告訴我們，企業在發展過程中，難免會陷入策略瓶頸的煉獄之中。但只要能夠抓住認知升級的機遇，以全新的視角審視自身的發展路徑，積極應對各種挑戰，就能夠像浴火重生的鳳凰一樣，突破困境，飛向更廣闊的天空。

選對人優先於培養人，培養才會有價值

　　企業發展之路上，選對人如同為大廈打好地基。一個合適的人才，不僅具備專業技能與知識，更與企業價值觀高度契合，能迅速融入企業氛圍，全力為企業發展貢獻力量。若選錯人，即便投入大量資源培養，也可能徒勞無功，甚至帶來負面影響。而培養，則是在選對人的基礎上進一步激發其潛力，提升能力素養，使其適應企業發展需求，為企業創造更大價值，同時增強員工歸屬感與忠誠度。只有選對人並加以精心培養，企業才能突破瓶頸，實現永續發展，在激烈的商業競爭中立於不敗之地。

　　一家在科技創新領域嶄露頭角的企業。在創業初期，也曾面臨著諸多的挑戰與困惑，尤其是在人才管理方面。曾經，企業秉持著一種較為傳統的觀念，認為只要投入足夠的資源去培養員工，就能打造出一支優秀的團隊，推動企業的發展。於是，企業招募人力時標準相對廣泛，對於一些基本符合職位技能要求的人員就予以錄用，然後投入大量的人力、物力和財力進行培養。

　　然而，那些被匆忙招募進來並大力培養的員工，並沒有如預期般為企業帶來正面的影響。有些員工雖然掌握了一定的技能，但卻無法真正融入企業的文化氛圍，工作態度消極，團隊合作意識薄弱。還有些員工在工作一段時間後，發現自己的職涯規劃與企業的發展方向並不相同，選擇離職，這使得企業之前為了培養他們所花費的資源付諸東流。這些經歷讓該企業深刻意識到，選對人如同為大廈打好地基，這是一個根本性的、最該優先處理的任務。（詳見圖 7-1）

選對人優先於培養人，培養才會有價值

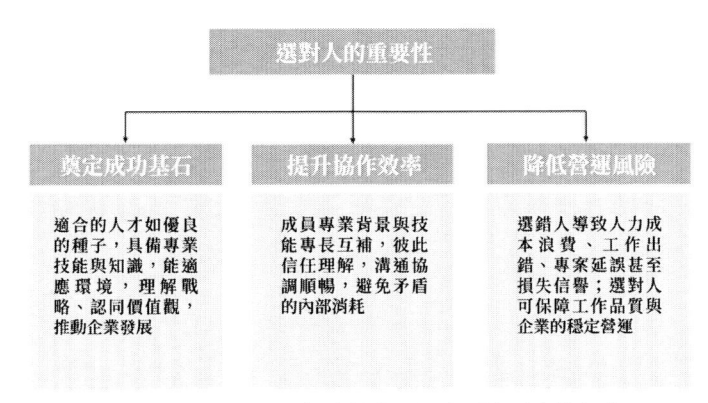

```
                    ┌─────────────┐
                    │ 選對人的重要性 │
                    └──────┬──────┘
          ┌────────────────┼────────────────┐
    ┌─────┴─────┐    ┌─────┴─────┐    ┌─────┴─────┐
    │ 奠定成功基石 │    │ 提升協作效率 │    │ 降低營運風險 │
    └───────────┘    └───────────┘    └───────────┘
    適合的人才如優良    成員專業背景與技    選錯人導致人力成
    的種子，具備專業    能專長互補，彼此    本浪費、工作出
    技能與知識，能適    信任理解，溝通協    錯、專案延誤甚至
    應環境，理解戰      調順暢，避免矛盾    損失信譽；選對人
    略、認同價值觀，    的內部消耗          可保障工作品質與
    推動企業發展                            企業的穩定營運
```

圖 7-1 選對人是一個根本性的、優先順序最高的任務

首先，選對人是奠定企業成功的基石。

一個合適的人才，就像是一顆精心挑選的種子，播撒在企業這片土壤上，有著無限的成長潛力。他們自身所具備的專業技能與知識，就如同種子本身的優良基因，是成長的基礎。例如，該企業在研發部門招募到一位有著深厚演算法基礎的工程師，他不僅在技術上能夠獨當一面，還能夠將自己的技術知識與團隊成員分享，帶動整個團隊在技術研發上不斷突破。這種合適的人才，能夠迅速適應企業的工作環境，他們理解企業的發展策略，認同企業的價值觀，從而能在工作中展現極高的熱情和積極性。他們的每一個決策、每一項工作成果，都如同大廈的一塊塊磚石，穩穩地奠定著企業成功的基礎。

其次，選對人可以提升團隊合作效率。

選對人能夠讓團隊合作變得更加順暢高效。在他們的專案團隊中，成員們有著不同的專業背景和技能專長。當選擇了合適的人員時，他們之間能夠形成良好的互補關係。比如，市場行銷人員有著敏銳的市場洞察力，能夠準確掌握市場需求；技術人員則可以根據市場需求快速開發出符合要求的產品。他們彼此信任、相互理解，在工作中能夠迅速溝通協調，避免了因為理念不合或者能力不協調而產生的矛盾與內部消耗。

這種高效的團隊合作，就像一臺順暢運轉的精密機器，各個零件都完美契合，能夠發揮出最大的效能。

再次，選對人可以降低企業營運風險。

選錯人的代價是龐大的，這會對企業帶來諸多的營運風險。從人力成本的角度來看，如果招募到不合適的員工，企業在培訓、薪酬等方面的投入就會完全浪費。而且，不合適的員工可能會在工作中犯錯，導致專案延誤、產品品質出現問題等。該企業曾經就因為一位負責專案管理的員工能力不足且缺乏責任心，導致一個重要專案的進度嚴重延後，為企業帶來了不小的經濟和市場信譽損失。相反的，選對人能夠避免這些風險，合適的員工能夠確保完成的工作的品質，保障企業的穩定營運。

那麼，他們是如何做到選對人的呢？（詳見圖7-2）

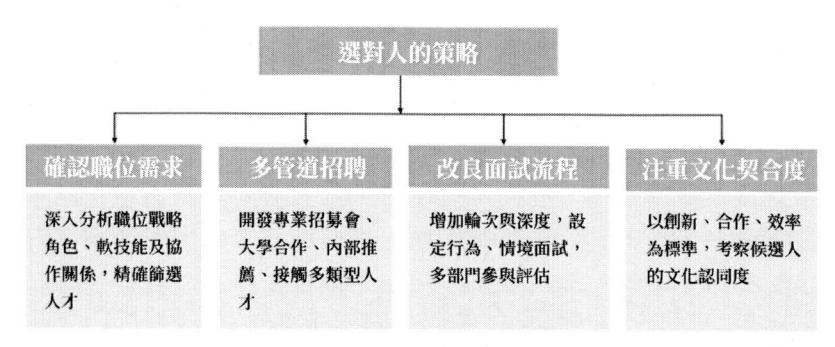

```
                      選對人的策略
    ┌──────────┬──────────┼──────────┬──────────┐
  確認職位需求   多管道招聘   改良面試流程   注重文化契合度
  深入分析職位戰略  開發專業招募會、 增加輪次與深度， 以創新、合作、效率
  角色、軟技能及協  大學合作、內部推 設定行為、情境面試， 為標準，考察候選人
  作關係，精確篩選  薦、接觸多類型人 多部門參與評估   的文化認同度
  人才              才
```

圖7-2 該企業創選對人的策略

確認職位需求：他們在經歷了初期的挫折後，開始重視職位需求的明確界定。對於每一個招募的職位，不再僅僅關注技能方面的要求，還深入分析職位在企業策略布局中的角色、所需的軟技能，以及與其他職位的合作關係等。例如，對於產品經理，除了要求具備產品規劃、需求分析等基本技能外，還強調需要具備良好的溝通協調能力、對市場趨勢的敏銳洞察力，以及創新思維。透過詳細地確認職位需求，能夠更加精準地篩選出符合職位要求的人才。

多管道招募：為了選對人，他們拓寬了招募管道。不再局限於傳統的人力銀行，而是積極參加產業內的專業招募會、與大學建立產學研合作關係、鼓勵內部員工推薦等。在參加產業招募會時，能夠直接接觸到大量同產業的專業人才，他們往往對產業有著深入的了解，更有可能符合企業的需求。與大學合作則可以招募到具有新鮮思維和扎實理論基礎的應屆畢業生，為企業注入新的活力。內部員工推薦也是一個重要的管道，因為員工對企業的文化和職位要求比較熟悉，他們推薦的人員往往在價值觀和工作態度上與企業較為契合。

改良面試流程：他們改良了面試流程，增加了面試的輪次和深度。

在面試過程中，不僅有專業技能的考核，還設置了行為面試、情境面試等環節。例如，在行為面試中，透過詢問候選人過去的工作經歷和專案經驗，了解他們在面對困難時的解決方式、團隊合作中的角色等。情境面試則模擬實際工作中的情境，考核候選人的應變能力和決策能力。同時，面試團隊也不再僅僅由人力資源部門組成，還加入了相關業務部門的負責人和核心員工，從不同的角度對候選人進行全面的評估。

注重文化契合度：企業文化是企業的靈魂所在，選對人的一個重要標準就是確認其與企業文化的契合度。他們倡導創新、合作、效率的企業文化。在招募過程中，會透過各種方式考察候選人是否認同這種文化。例如，在面試中會分享一些企業內部的創新案例，觀察候選人的反應和理解程度。

那些對創新充滿熱情、能夠理解合作重要性並且追求效率工作的候選人，更有可能在企業中長久地發展下去。

他們深知，人才是企業最寶貴的財富。選對人對企業帶來了長遠的影響。（詳見圖 7-3）

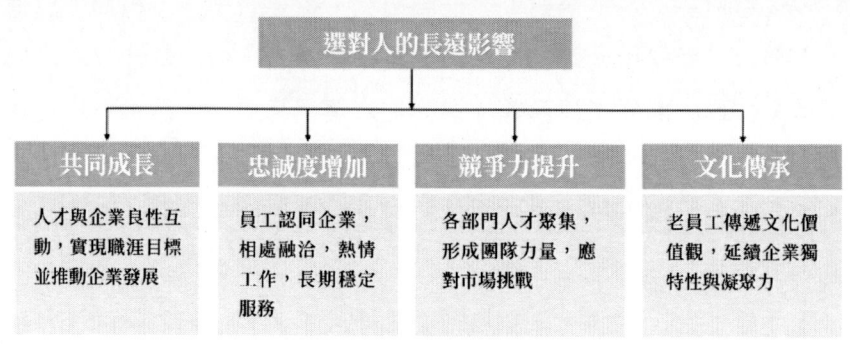

```
                    選對人的長遠影響
        ┌──────────┬──────────┼──────────┬──────────┐
     共同成長    忠誠度增加   競爭力提升    文化傳承
   人才與企業良性互  員工認同企業，  各部門人才聚集，  老員工傳遞文化價
   動，實現職涯目標  相處融洽，熱情  形成團隊力量，應  值觀，延續企業獨
   並推動企業發展    工作，長期穩定  對市場挑戰      特性與凝聚力
                   服務
```

圖 7-3 選對人為企業帶來的長遠影響

1. 實現人才與企業的共同成長。

當選對人之後，人才與企業之間就形成了一種良性的互動關係。合適的人才在企業提供的平臺上能夠充分發揮自己的潛力，實現個人的職涯目標。同時，他們的成長也推動著企業的發展。例如，一位從基層技術人員成長起來的核心技術人員，隨著企業的發展不斷提升自己的技術能力，參與了多個重要專案的研發。他的成長不僅為自己贏得了更好的職涯發展機會，也為企業在技術創新方面提供了強大的支援，使企業在產業內的競爭力不斷增強。

2. 增強員工的忠誠度和歸屬感。

選對的人更容易在企業中找到歸屬感。他們認同企業的價值觀，與同事之間相處融洽，對自己的工作充滿熱情。那些經過精心挑選而入職的員工，往往能夠在企業中長期穩定地工作。他們願意為企業的發展貢獻自己的力量，在遇到困難時也不會輕易選擇離開。這種忠誠度和歸屬感，減少了企業的人員流動，為企業的穩定發展提供了保障。

3. 提升企業的整體競爭力。

選對人能夠提升企業的整體競爭力。合適的人才聚集在一起，形成了強大的團隊力量。無論是在產品研發、市場行銷，還是客戶服務方

面，都能夠以卓越的表現應對市場的挑戰。企業能夠更快地推出創新產品，滿足客戶需求，從而在激烈的市場競爭中脫穎而出。

4. 傳承企業文化和價值觀。

選對的人是企業文化和價值觀的傳承者。他們在日常工作中，透過自己的言行將企業的文化和價值觀傳遞給新員工。老員工會向新員工分享企業的發展歷程、成功案例，以及企業所倡導的價值觀。這種傳承，使得企業的文化得以延續和發展，保持了企業的獨特性和凝聚力。

在企業的人才管理策略中，選對人是優先於培養人的關鍵步驟。只有選對人，才能為企業的發展奠定扎實的基礎，才能讓培養人的工作發揮出最大的價值。企業應當在選對人的基礎上，透過各種有效的培養方式，不斷提升人才的能力和素養，實現人才與企業的共同成長，在激烈的市場競爭中立於不敗之地。

把常態做成極致，把創新做成常態

在商業世界的洶湧浪潮中，常態往往被視為平淡無奇，然而，當常態被做到極致時，卻能爆發出驚人之力。就如建造高樓大廈，每一塊磚頭、每一根鋼筋都需精心挑選、精準安裝，方能確保大樓的穩固。企業亦是如此，從產品設計到售後服務，每個環節都做到極致，方能贏得客戶信賴與口碑。而創新，則是企業發展的不竭動力，它能為企業帶來新機遇與競爭優勢。但創新並非一蹴可幾，需在常態基礎上不斷累積與突破。當創新成為日常，企業便能持續探索新商業模式、技術與產品，在激烈競爭中脫穎而出。

一間小型家電製造商的崛起之路，始於對利基市場的專注。當大家電市場被大型企業牢牢占據、競爭異常激烈之時，他們敏銳地將目光投向了小家電市場。當時的小家電市場相對分散，存在著眾多未被滿足的需求，猶如一片尚未被充分開墾的肥沃土地。

他們如同一位細心的探險家，深入研究消費者的生活情境和需求，在這片土地上探尋著被忽視的寶藏。很多看似不起眼的產品，卻成為了他們打開市場大門的關鍵鑰匙。他們打造的小型烹調家電如同一位貼心的助手，為消費者提供了一種簡單、便捷的烹調方式。

這種專注利基市場的策略，讓他們在小家電市場中迅速嶄露頭角，宛如一顆璀璨的新星在夜空中冉冉升起。

極致的產品品質，是企業的立身之本。他們深知，產品品質猶如企業的命脈，一旦出現問題，企業便會陷入危機的深淵。因此，在產品研發和生產過程中，始終堅持把常態做成極致，把創新做成常態。

把常態做成極致的表現

1. 對產品品質的嚴格掌控

從原物料的選擇到製程的每一個環節，都力求做到精益求精。例如，在小家電產品的外殼材質上，選用高品質、環保的材料，不僅確保產品的耐用性，還注重使用者的使用安全。

在生產過程中，採用先進的生產設備和嚴格的品質檢測體系，對每一個產品進行精細的檢測，確保產品符合高標準的品質要求。這種對產品品質的極致追求，贏得了消費者的信任和口碑。

2. 使用者經驗的極致改良

他們非常注重使用者經驗，從產品的設計到售後服務，都以使用者為中心。在產品設計方面，充分考慮使用者的使用情境和需求，設計出外觀時尚、操作便捷的產品。例如，他們的一些廚房小家電，採用人性化的設計，如防滑按鈕、易清洗的材質等，讓使用者在使用過程中更加舒適和方便。在售後服務方面，建立了完善的客戶服務體系，及時回應使用者的問題和需求，為使用者提供優質的售後服務。這種對使用者經驗的極致改良，使他們在市場中樹立了良好的品牌形象。

3. 高效率的供應鏈管理是企業實現常態業務極致化的重要保障

透過改良供應鏈流程，與供應商建立長期穩定的合作關係，他們實現了原物料的及時供應和產品的快速交付。同時，利用數位化技術對供應鏈進行即時監控和管理，提升了供應鏈的透明度和反應速度。例如，透過建立供應鏈管理系統，對庫存、訂單、物流等環節進行精準管理，降低了庫存成本和營運風險。

第七章 打破邊界—以認知進化突破瓶頸

把創新做成常態的表現

1. 產品創新的持續投入

他們將創新視為企業發展的核心動力，持續投入大量的資源進行產品創新。設立了專門的研發部門，擁有一支高素養的研發團隊，不斷推出具有創新性的產品。例如，在小家電市場中，推出了一些具有特色功能的產品，如多功能料理鍋、攜帶型果汁機等，滿足了消費者多樣化的需求。同時，積極關注市場動態和技術發展趨勢，不斷導入新的技術和理念，提升產品的競爭力。

2. 行銷創新的大膽嘗試

在行銷方面，他們勇於嘗試新的行銷方式和通路，不斷創新行銷模式。利用社群媒體、電商平臺等新興管道進行品牌推廣和產品銷售，與消費者進行互動和溝通。例如，透過舉辦線上活動、直播銷售等方式，吸引了消費者的目光，提升了品牌知名度和產品銷量。

同時，注重品牌形象的塑造，透過打造個性化的品牌形象和故事，與消費者建立情感連結。

3. 管理創新的不斷探索

他們在管理方面也積極進行創新探索。建立了靈活的組織架構和管理機制，鼓勵員工創新和團隊合作。例如，推行專案制管理，讓員工在專案中充分發揮自己的才能和創造力。同時，注重企業文化的建立，營造出鼓勵創新、勇於擔當的企業文化氛圍。這種管理創新為企業的持續發展提供了有力的支持。

他們把常態做成極致、把創新做成常態的成功經驗為中小企業提供了寶貴的借鑑。中小企業要注重產品品質和使用者經驗，加強創新投入，改良供應鏈管理，勇於嘗試新的行銷方式，營造創新文化，不斷探索適合企業發展的道路，實現永續發展。

第一，注重產品品質和使用者經驗。

中小企業要把產品品質和使用者經驗放在首位。加強對產品品質的管控，確保產品符合檢驗標準和消費者的需求。同時，深入了解使用者的需求，透過不斷改良產品設計和服務，提升使用者經驗。只有贏得了使用者的信任和口碑，企業才能在市場中立足。

第二，加強創新投入。

創新是企業發展的原動力，中小企業要加強對創新的投入。設立專門的研發部門或與大學、研究機構合作，進行技術創新和產品研發。同時，鼓勵員工創新，建立創新獎勵機制，激發員工的創新熱情和創造力。在產品創新、行銷創新和管理創新等方面不斷探索，尋找適合企業發展的創新之路。

第三，改良供應鏈管理。

高效的供應鏈管理可以降低企業的成本和風險，提升企業的競爭力。中小企業要改良供應鏈流程，與供應商建立長期穩定的合作關係，確保原物料的及時供應和產品的快速交付。同時，利用數位化技術對供應鏈進行管理，提升供應鏈的透明度和反應速度。

第四，勇於嘗試新的行銷方式。

在網路時代，行銷方式不斷創新。中小企業要敢嘗試新的行銷方式和管道，利用社群媒體、電商平臺等新興通路進行品牌推廣和產品銷售。同時，注重品牌形象的塑造，透過打造個性化的品牌故事和品牌形象，與消費者建立情感連結。

第五,營造創新文化。

中小企業要營造一種鼓勵創新、勇於擔當的企業文化氛圍。建立靈活的組織架構和管理機制,鼓勵員工創新和團隊合作。同時,注重員工的培訓和發展,提升員工的創新能力和綜合素養。只有在創新文化的引領下,企業才能不斷發展壯大。

做正確的事，而不是容易的事情

在商業世界裡，人們往往容易被那些看似簡單、能快速帶來回報的事情所吸引。然而，這些容易的事情往往如同美麗的泡沫，雖然絢麗卻缺乏長遠的價值和永續性。真正能夠推動企業不斷發展、突破策略瓶頸的，是勇敢地去做正確的事。

做正確的事，意味著企業要有長遠的目光，堅守核心價值觀，不被短期的利益所誘惑。這就如同在廣袤的沙漠中艱難地尋找那片珍貴的綠洲，需要堅定的信念和清晰的方向。正確的事情或許充滿了困難與挑戰，可能需要企業付出巨大的努力和代價，但它卻能為企業帶來真正的價值和永續的發展。

在競爭激烈的商業世界中，企業面臨著諸多挑戰和抉擇。是選擇走容易的路，追求短期的利益和快速的回報，還是堅定地去做正確的事，著眼於長遠的發展和永續的成功？我們以一間汽車製造商獨特的發展歷程為案例，從中我們可以汲取寶貴的經驗和啟示。

當年這間汽車製造商的創始人揣著對汽車產業的熱愛與對未來出行的憧憬，踏上了這條充滿挑戰的創業之路。在新能源汽車領域，他們可謂後起之秀。然而，在短短幾年時間裡，它卻取得了令人矚目的成就。

一、精準的市場定位

他們從一開始就確立了自己的目標客群——家庭。他們深刻洞察到隨著家庭生活水準的提升，人們對於自駕交通的需求不僅僅是交通工具的簡單功能，更注重舒適性、安全性和智慧化。因此，他們致力於打造一款能夠滿足家庭對於移動的各種需求的智慧電動 SUV。這種精準的市

場定位並非一蹴可幾，而是經過了深入的市場調查和認知升級。在新能源汽車市場初期，大多數企業都在追求高效能、高續航力等技術指標，而他們卻另闢蹊徑，從使用者的實際需求出發，找到了一個相對空白的市場領域。

二、創新的產品理念

他們的產品理念主打「解決里程焦慮」，在純電動車續航里程有限、充電設施不完善的現實情況下，他們推出了混和型電動車，既可以使用純電模式行駛，滿足日常通勤需求，又可以在長途旅行時透過燃油發電，解決里程焦慮問題。

這種創新的產品理念展現了他們對使用者需求的深刻理解和對技術發展趨勢的準確掌握。他們沒有盲目跟風追求純電動車的高續航里程，而是從使用者的實際關注點出發，透過創新的技術解決方案，為使用者提供更加便捷、可靠的通勤選擇。他們在研發過程中投入了大量的資源，不斷改良郵電混合技術，提升能源利用效率。同時，他們還注重車輛的智慧化配置，為使用者帶來更加舒適、便捷的駕駛感受。

三、卓越的使用者消費感受

他們不僅在產品設計上注重使用者需求，在使用者消費感受方面也下足了功夫。從購車前的諮詢服務到購車後的售後服務，他們都致力於為使用者提供全方位、個性化的服務感受。例如，廣泛的門市布局，簡潔大氣的展示間裝修風格，為使用者提供了舒適的購車環境。同時，他們還推出了一系列的使用者活動，增強了使用者的歸屬感和忠誠度。

在售後服務方面，他們建立了完善的服務體系，提供快速回應的維

修服務和貼心的客戶關懷。他們還透過不斷升級軟體系統，為使用者帶來更多的功能和經驗升級。

他們的成功並非偶然，它的背後蘊含著深刻的商業哲學——做正確的事，而不是容易的事情。

1. 正確的策略決策

在新能源汽車市場競爭激烈的情況下，他們沒有選擇跟隨其他企業的步伐，而是堅持走自己的路。在產品定位、技術路線、市場推廣等方面，都作出了正確的策略決策。例如，在技術路線上，選擇了油電混合技術，雖然這一技術在當時並不被廣泛看好，但他們堅信這是解決使用者里程焦慮的有效途徑。事實證明，他們的選擇是正確的，油電混合電動車在市場上受到了越來越多使用者的青睞。

在市場推廣方面，他們注重口碑行銷，透過使用者的口耳相傳和社群媒體的傳播，迅速擴大了品牌影響力。他們還積極與使用者互動，傾聽使用者的意見和建議，不斷改進產品和服務。

2. 長期的價值創造

他們始終將為使用者創造長期價值作為企業的核心使命。他們不僅僅是在銷售汽車，更是在為使用者提供一種全新的生活化移動方式。

為了實現這一目標，他們不斷投入研發，提升產品的效能和品質。

同時，他們還積極拓展服務領域，為使用者提供更多的加值服務。例如，不斷升級的智慧駕駛輔助系統，為使用者提供更加安全、便捷的駕駛感受。他們還與合作夥伴共同打造智慧駕駛生態系統，為使用者提供更加便捷的充電、停車、導航等服務。

3. 勇敢面對挑戰

在企業發展的過程中，他們也面臨著諸多挑戰。例如，技術研發的困難、市場競爭的壓力、資金短缺等問題。然而，他們並沒有被這些困難所勸退，而是勇敢面對挑戰，積極尋找解決方案。例如，在技術研發方面，投入了大量的資金和人力，不斷攻克技術難題。他們與全世界的研究機構和大學合作，共同進行技術研發，提升企業的核心競爭力。

在市場競爭方面，他們透過不斷提升產品品質和使用者消費體驗，贏得了使用者的信任和口碑。同時，他們還積極拓展國際市場，提升品牌的國際影響力。

他們的成功經驗告訴我們，做正確的事，而不是容易的事情，是企業實現永續發展的關鍵。對於中小型企業來說，要找到清楚的企業定位，堅持創新發展，注重使用者消費體驗，培養團隊精神，保持策略定力，才能在激烈的市場競爭中脫穎而出。

第一，找到企業定位

中小型企業在資源有限的情況下，更需要確立自己的企業定位。要深入了解市場需求和使用者的困擾，找到一個適合自己的利基市場領域，專注於為使用者提供有價值的產品和服務。例如，一家小型的食品企業可以透過深入調查市場，發現消費者對於健康、低糖、無添加的食品需求日益增加。於是，他們可以將企業定位為專注於生產健康食品的企業，開發出一系列符合消費者需求的產品。

第二，堅持創新發展

創新是企業發展的核心動力。中小型企業要勇於創新，不斷探索新的技術、新的產品和新的商業模式。在技術創新方面，中小型企業可以結合自身的實際情況，選擇一些適合自己的技術領域進行深入研究。例如，一家小型的科技企業可以專注於人工智慧、大數據、物聯網等領域的應用創新，為使用者提供更加智慧化的產品和服務。

在產品創新方面，中小型企業要注重使用者需求的變化，及時推出符合市場需求的新產品。例如，一家小型的服裝企業可以根據時尚潮流的變化，不斷推出新的款式和設計，滿足消費者的個性化需求。

在商業模式創新方面，中小型企業可以嘗試一些新的商業模式，如共享經濟、平臺經濟、客製化服務等。例如，一家小型的家居企業可以透過建立線上平臺，為使用者提供定製化的家居設計和裝修服務，實現企業的轉型升級。

第三，注重使用者經驗

使用者經驗是企業贏得市場競爭的關鍵因素。中小型企業要高度重視使用者經驗，從產品設計、服務品質、品牌形象等方面入手，為使用者提供全方位、個性化的服務感受。

在產品設計方面，中小型企業要注重產品的人性化設計，提升產品的易用性和舒適性。例如，一家小型的電子產品企業可以在產品設計中加入一些人性化的功能，如一鍵操作、語音控制等，提升使用者的使用感受。在服務品質方面，中小型企業要建立完善的售後服務體系，及時回應使用者的需求，解決使用者的問題。例如，一家小型的家電企業可以提供 24 小時售後服務專線，為使用者提供及時、專業的維修服務。在

品牌形象方面，中小型企業要注重品牌經營，樹立良好的品牌形象。例如，一家小型的化妝品企業可以透過廣告宣傳、公關活動、社群媒體等管道，提升品牌的知名度和好感度。

第四，培養團隊精神

團隊是企業發展的核心力量。中小型企業要注重培養團隊精神，打造一支高素養、高效率的團隊。在人才招募方面，中小型企業要注重人才的綜合素養和專業能力，招募一些有創新精神、有責任心、有團隊合作精神的人才。在人才培養方面，中小型企業要為員工提供良好的培訓和發展機會，鼓勵員工不斷學習和進步。例如，一家小型的企業可以定期為員工舉行內部和外部培訓，提升員工的業務能力和綜合素養。在團隊建立方面，中小型企業要注重團隊文化的建立，營造出積極向上、團結合作、勇於創新的團隊氛圍。例如，一家小型的企業可以舉行一些團隊活動，如戶外拓展、團隊聚餐、文化競賽等，增強團隊的凝聚力和向心力。

第五，保持策略定力

在企業發展的過程中，中小型企業會面臨各種誘惑和挑戰。在這種情況下，中小型企業要保持策略定力，堅定地執行自己的策略規劃，不被短期的利益所誘惑。例如，一家小型的企業在發展過程中可能會遇到一些投資機會，如果這些投資機會與企業的策略規劃不符，企業就應該果斷放棄。只有保持策略定力，企業才能在激烈的市場競爭中立於不敗之地。

第八章
因應變局 —— 策略升級的進化思維

時代變革如凶猛的巨獸，無情地衝擊著企業的防線。而策略升級，就是企業手中最鋒利的寶劍。舊的模式在崩塌，出現了新的機遇，技術革新、消費變遷、競爭加劇，策略升級能讓企業在時代的驚濤駭浪中站穩腳跟，成為引領變革的先鋒。

第八章　因應變局──策略升級的進化思維

拉高層次，用未來的眼光看現在

在競爭激烈的市場中，沒有永遠的王者，只有不斷進化的強者。企業只有不斷拉高層次，用未來的眼光看現在，才能在時代的變革中屹立不倒，成為真正的王者。

網飛（Netflix）成立於 1997 年，最初只是一家透過郵寄 DVD 的方式提供影片租賃服務的公司。在那個時代，百事達（Blockbuster）等實體出租店占據著市場主導地位，而網飛的出現似乎只是一個小角色。然而，正是這個小角色，在接下來的幾十年裡，徹底改變了影視娛樂產業的格局。網飛敏銳地洞察到了網路技術的崛起和使用者消費習慣的變化。

洞察趨勢，轉型線上串流媒體

在網路技術逐漸普及的過程中，網飛敏銳地察覺到了使用者行為的變化和技術發展的趨勢。傳統的 DVD 租賃模式面臨著諸多問題，如物流成本高、使用者等待時間長、庫存管理複雜等。而線上串流媒體則具有便捷、即時、個性化等優勢。於是，網飛毅然決定投入大量資源，進行技術研發和平臺建設，逐步從傳統的 DVD 租賃模式向線上串流媒體轉型。

這一轉型並非一帆風順，面臨著技術難題、版權問題、使用者習慣培養等諸多挑戰。然而，網飛憑藉著堅定的信念和創新的精神，不斷克服困難，逐漸在線上串流媒體市場中站穩了腳跟。

網飛從傳統 DVD 租賃向線上串流媒體轉型的過程中，克服諸多技術難題的具體方式如下表所示：

表 8-1 網飛克服技術難題的具體方式

技術困難	克服困難的方式
影片播放品質和穩定性	採用自動調整傳輸速率串流媒體技術,根據使用者網路狀況自動調整影片解析度和傳輸速率; 與網路服務供應商合作改良傳輸線路,減少網路塞車影響; 大力建置內容傳遞網路(CDN),在全球建置大量資料中心和伺服器節點,根據使用者地理位置提供內容,不斷改良CDN技術,調整內容儲存和傳遞策略
影片編碼和壓縮技術	研究先進的編碼方式,如最早採用 H.264 編碼標準,積極參與推動新一代編碼標準 HEVC 和 AVI 的研發應用; 利用人工智慧技術改善影片編碼,透過機器學習演算法分析影片內容特徵,動態調整編碼數值
設備相容性和多平臺支援	與設備製造商如蘋果、三星密切合作,針對不同型號設備進行軟體最佳化,包括配合作業系統和 GPU 晶片等硬體資源; 開發跨平臺應用程式,支援多種操作系統,採用統一的軟體開發架構和設計理念,根據不同平臺的特性和使用者回饋進行精準改良

內容導向,打造原創精品

在線上串流媒體市場競爭日益激烈的情況下,網飛深深地意識到內容的重要性。它沒有僅僅滿足於購買版權內容,而是大力投入原創內容的製作。這一決策不僅展現了網飛對未來影視娛樂市場的深刻洞察,也展現了其勇於冒險和創新的精神。

網飛透過大數據分析使用者的喜好和行為,精準製作出符合使用者需求的原創劇集和電影。例如,透過分析使用者的觀看歷史、評分和搜尋行為,發現使用者對政治題材劇集和演員凱文・史貝西(Kevin Spacey)與羅蘋・懷特(Robin Wright)有著較高的興趣。於是,果斷投資製作

第八章　因應變局——策略升級的進化思維

了《紙牌屋》(*House of Cards*)，並邀請了凱文・史貝西和羅蘋・懷特擔任主演。該劇一經推出，便受到了全球觀眾的熱烈追捧，成為了網飛原創內容的代表性作品。

全球布局，拓展市場空間

網飛的眼光不僅僅局限於特定市場，而是放眼全球。在網路的推動下，影視娛樂產業的全球化趨勢日益明顯，使用者對不同國家和地區的優質內容有著強烈的需求。網飛敏銳地捕捉到了這一趨勢，積極拓展全球市場。

網飛透過在不同國家和地區進行在地化營運，推出適合當地使用者口味的內容，贏得了全球使用者的喜愛和認可。例如，在韓國，網飛推出了《魷魚遊戲》等一系列熱門劇集，引發了全世界的觀劇熱潮。同時，網飛還積極與當地的影視製作公司合作，共同製作具有本土特色的內容，進一步增強了其在全球市場的競爭力。

網飛是如何拉高一個層次，用未來的眼光看現在的呢？

第一，技術創新引領未來。

網飛始終將技術創新作為企業發展的核心驅動力。在線上串流媒體領域，技術的不斷進步是滿足使用者需求、提升使用者經驗的關鍵。網飛不斷投入大量資源進行技術研發，始終保持在技術創新的前端。例如，網飛在影片編碼技術方面不斷突破，採用了先進的 H.265（HEVC）編碼標準，大大提升了影片的壓縮率和播放品質。同時，網飛還積極探索人工智慧、機器學習等新興技術在影片推薦、內容製作等方面的應用。透過分析使用者的觀看歷史和行為模式，網飛能夠為使用者提供個性化的影片推薦，提升使用者的滿意度和忠誠度。

此外，網飛還在虛擬實境（VR）和擴增實境（AR）技術方面進行了積極的探索。雖然目前這些技術在影視娛樂領域的應用還處於起步階段，但網飛已經看到了它們未來的龐大潛力。網飛相信，隨著技術的不斷進步，VR 和 AR 技術將為使用者帶來更加沉浸式的觀影感受，改變人們的娛樂方式。

第二，內容創新塑造未來。

內容是影視娛樂產業的核心競爭力，網飛深知這一點。因此，它不斷進行內容創新，以滿足使用者日益增加的需求。網飛的內容創新不僅僅展現在題材和類型的多樣化上，還展現在製作方式和敘事手法的創新上。

網飛勇於嘗試不同的題材和類型，從政治劇、科幻劇到懸疑劇、喜劇，涵蓋了各種使用者喜好。同時，網飛還採用了獨特的製作方式，如一次性釋出整季劇集，讓使用者可以自由選擇觀看時間和節奏。這種方式打破了傳統電視臺的播出模式，為使用者帶來了全新的觀劇感受。

在敘事手法上，網飛也不斷創新。例如，《黑鏡》（*Black Mirror*）系列劇集採用了單元劇的形式，每一集都是一個獨立的故事，但又都圍繞著科技對人類生活的影響這一主題展開。這種敘事手法不僅讓觀眾在每一集都能感受到新鮮和驚喜，也引發了觀眾對科技與人性的深入思考。

第三，商業模式創新開創未來。

網飛的商業模式創新也是其成功的關鍵之一。傳統的影視娛樂產業主要依靠廣告收入和票房收入，但網飛卻開創了一種以訂閱制為核心的商業模式。使用者只需支付一定的月租費，就可以無限制地觀看網飛的所有內容。

這種商業模式的優勢在於，它為使用者提供了更加便捷、經濟的觀影方式，同時也為網飛帶來了穩定的收入來源。此外，網飛還透過與其

第八章　因應變局——策略升級的進化思維

他企業的合作，拓展了自己的業務領域。例如，網飛與手機製造商合作，將其應用程式預載在手機上，提升了使用者的獲取管道和便利性。

網飛的成功說明拉高一個層次，用未來的眼光看現在，是企業實現永續發展的關鍵。中小企業要想在激烈的市場競爭中生存和發展，就必須培養前瞻性思維，堅持創新驅動發展，注重使用者經驗，加強合作與聯盟。

1. 培養前瞻性思維：中小企業要想在激烈的市場競爭中脫穎而出，就必須培養前瞻性思維。中小企業的管理者應該密切關注產業的發展趨勢、技術的進步，以及使用者需求的變化，提前布局未來的業務領域。例如，在人工智慧、大數據、區塊鏈等新興技術不斷湧現的背景下，中小企業可以思考如何將這些技術應用到自己的業務中，提升企業的效率和競爭力。同時，中小企業還應該關注全球市場的動態，尋找適合自己的國際化發展機會。

2. 堅持創新驅動發展：創新是企業發展的核心動力，中小企業必須堅持創新驅動發展。在技術創新方面，中小企業可以加強研發投入，引進先進的技術和人才，提升企業的技術水準。在內容創新方面，中小企業可以根據使用者的需求和市場的變化，不斷推出新的產品和服務。

在商業模式創新方面，中小企業可以借鑑網飛的經驗，探索適合自己的商業模式，提升企業的盈利能力和競爭力。同時，中小企業還應該鼓勵員工創新，建立創新激勵機制，激發員工的創新熱情和創造力。

3. 注重使用者經驗：使用者經驗是企業成功的關鍵因素之一，中小企業必須注重使用者經驗。中小企業可以透過市場調查、使用者回饋等方式，深入了解使用者的需求和困擾，然後有針對性地進行產品和服務的改良。同時，中小企業還可以利用大資料分析等技術，為使用者提供個性化的產品和服務，提升使用者的滿意度和忠誠度。此外，中小企業

還應該建立良好的客戶服務體系,及時回應使用者的問題和投訴,提升使用者的使用感受和信賴。

4. 加強合作與聯盟:中小企業在資源和實力方面相對較弱,因此加強合作與聯盟是提升企業競爭力的有效途徑。中小企業可以與其他企業、大學、研究機構等建立合作關係,共同進行技術研發、市場開拓等活動,實現資源共享、優勢互補。同時,中小企業還可以加入產業協會、產業聯盟等組織,獲取更多的資訊和資源,拓展企業的發展空間。此外,中小企業還可以與大型企業建立合作關係,成為大型企業的供應商或合作夥伴,藉助大型企業的資源和通路,實現自身的快速發展。

在當今快速變化的商業環境中,企業面臨的挑戰和機遇並存。只有不斷地拉高思維層次,用未來的眼光審視現在,勇於創新和變革,才能在市場競爭中立於不敗之地。

第八章　因應變局──策略升級的進化思維

懂得趨勢：憑風好借力

　　科技的飛速發展猶如一場革命，以排山倒海之勢席捲而來。從人工智慧到大數據，從物聯網到區塊鏈，這些新興技術不斷顛覆傳統的商業模式。在傳統製造業中，那些依賴人力和傳統製程的企業，在智慧化浪潮的衝擊下，顯得搖搖欲墜。許多企業由於未能及時跟上技術革新的步伐，陷入了生產效率低下、產品缺乏競爭力的困境。它們如同在暴風雨中失去航向的船隻，只能看著自己逐漸被時代的浪潮淹沒。全球化趨勢也是一股不可忽視的強大力量，它將世界各國的市場緊密地連結在一起。消費者的選擇變得更加多樣化，他們不再滿足於本地產品，而是可以輕鬆地獲取來自世界各地的商品。這種全球化的市場環境對企業的應變能力提出了極高的要求。而那些能夠敏銳捕捉時代趨勢的企業，就如同找到了強勁的東風，得以借力起飛。

　　即使是一家具有影響力的食品飲料大型企業，也會深刻感受到時代趨勢的壓力，同時他們也抓住了其中蘊含的機遇，積極進行策略升級。

　　第一，洞察時代趨勢。達能始終保持著對時代趨勢的高度敏銳性和前瞻性。在全球對環境保護和永續發展的關注度日益高漲的趨勢下，他們敏銳地察覺到這一趨勢背後所蘊含的商業價值和社會責任。果斷地將永續發展作為重要的策略方向。這一決策並非一時興起，而是基於對全球社會發展趨勢的深刻理解。

　　在包裝材料方面，他們深知傳統塑膠包裝對環境造成的嚴重汙染。於是，投入大量資源進行研發，成功推出了更加環保的可降解包裝材料。這種材料在滿足產品包裝需求的同時，大大減少了對環境的負面影響。達能不僅僅滿足於自身的改變，還積極與供應商合作，推動整個產業鏈的包裝材料升級。這一行為展現了他們在產業鏈中的領導力和責任

感,也為整個產業樹立了永續發展的榜樣。

在水資源管理上,他們更是不遺餘力。水是食品飲料生產過程中不可或缺的資源,達能意識到水資源的合理利用和保護對於企業永續發展的重要性。在生產過程中,它採用先進的節水技術,透過改良生產流程和設備,有效降低了水資源的消耗。同時,還積極推行公益活動,提升大眾對水資源保護的意識。這一系列行動不僅符合時代對企業環保責任的要求,也為達能贏得了消費者的尊重和讚譽。

第二,抓住機遇。面對消費者對健康食品需求的顯著增加這一機遇,他們展現出了非凡的決策勇氣和卓越的商業智慧。它果斷地進行策略升級,將大量資源投入到健康食品領域。透過收購和整合健康食品品牌,達能迅速擴大了自己在這一領域的市場占有率。例如,它收購了一些專注於有機食品、營養補充劑等領域的品牌,豐富了自己的產品線。

他們充分利用自身在研發、生產、銷售等方面的優勢,不斷推出符合消費者需求的新產品。在研發方面,研究團隊深入研究健康食品的配方和製程,確保產品既營養又美味。在生產環節,達能嚴格掌控品質標準,保證產品的高品質。在銷售方面,借助其廣泛的銷售通路和強大的行銷團隊,將新產品推向市場。這些努力使得達能在健康食品領域逐漸鞏固了自己的領先地位。

此外,他們還緊緊抓住新興市場崛起的機遇。亞洲、非洲等地區的經濟快速發展,帶來了龐大的消費市場潛力。在亞洲市場,他們深入研究當地消費者的口味和需求特點。在非洲市場,則注重與當地社區的合作。它透過建立生產基地和供應鏈,不僅為當地提供了大量的就業機會,促進了當地經濟的發展,同時也確保了產品能夠以較低的成本生產和銷售,滿足了當地消費者對營養食品的需求。

第三,整合資源。在策略升級過程中,他們充分展示了其強大的資

第八章　因應變局──策略升級的進化思維

源整合能力。在內部，加強了各部門之間的合作和溝通。研發部門與市場部門緊密合作，研發部門根據市場部門回饋的消費者需求資訊進行產品研發，市場部門則將研發成果有效地推向市場。生產部門與業務部門相互合作，生產部門根據銷售預測合理安排生產計畫，業務部門則及時將市場需求變化回饋給生產部門，實現了資源的共享和最佳化配置。

在外部，他們積極與供應商、合作夥伴和研究機建構立廣泛的合作關係。與供應商合作，不僅確保了原物料的穩定供應，還透過共同推動永續發展，降低了營運成本。例如，在原物料採購方面，與供應商協商採用更加環保、永續的原物料，同時透過改良採購流程降低採購成本。

與研究機構的合作則為他們的產品研發提供了強大的技術支援。研究機構的專業研究成果為達能開發新的健康食品、改進製程提供了理論依據和技術手段。他們與合作夥伴之間的合作也十分緊密，透過共享通路、聯合行銷等方式，擴大了市場影響力。

透過對該集團策略升級過程的上述了解，企業可以從中汲取到奮進的力量。具體來講，在當今複雜多變的商業趨勢中，對於企業而言，怎樣才能找到自身的定位，並且巧妙地借勢實現發展呢？

深入研究趨勢

企業要想在時代變革中順勢而為，首先必須深入研究各種趨勢。這包括對科技發展趨勢的追蹤，關注新興技術的出現和應用情境；對市場格局的分析，了解不同地區、不同產業的市場競爭態勢和發展趨勢；對消費者需求的洞察，透過市場調查、資料分析等手段，掌握消費者需求的變化方向。例如，一家服裝企業如果想要在市場競爭中脫穎而出，就需要研究當前的科技趨勢，如智慧化服裝的發展前景；分析市場格局，了解不同品牌在不同價格帶、不同風格領域的市場占有率；洞察消費者需求，比如消費者對環保布料、個性化訂製服裝的需求程度等。

找準自身定位

在了解趨勢的基礎上，企業要找到自己在這個大環境中的定位。這需要企業對自身的優勢和劣勢進行客觀評估。如果企業在研發方面具有強大的實力，那麼就可以將自己定位為創新驅動型企業，專注於開發具有高科技含量的產品；如果企業在製程上有獨特的優勢，就可以定位為高品質生產型企業，以高品質的產品贏得市場青睞。

整合資源借勢發展

企業一旦找到定位，就要積極整合資源實現借勢發展。內部資源的整合包括人力資源、財務資源、技術資源等的改良配置。例如，將優秀的技術人才集中到核心專案上，合理安排財務預算以支持關鍵業務的發展。

外部資源的整合則更為關鍵。企業要與供應商建立長期穩定的合作關係，確保原物料的品質和供應穩定性；與合作夥伴進行合作專案，共享通路、品牌等資源；與研究機構合作，提升企業的技術創新能力。例如，一家科技公司可以與大學的資訊相關研究所合作，共同開發新的演算法或軟體技術，提升企業的技術競爭力。

在這個風雲變幻的時代，企業如同在洶湧大海中航行的船隻，趨勢則是那吹動船帆的風。只有懂得趨勢，準確地判斷風向，找到自己的航向，並且巧妙地利用風力，企業才能在波濤洶湧的商海中乘風破浪，實現跨越式發展，成為時代的跟風者。

第八章　因應變局—策略升級的進化思維

不斷拓寬產業的財富邊界，再造商業模式

　　不斷拓寬產業的財富邊界，意味著企業要勇於突破傳統的思維局限，勇於探索未知的領域。就如同一位無畏的探險家，在茫茫的商業荒野中尋找新的寶藏。只有不斷開拓創新，才能發現那些被忽視的財富機遇，為企業的發展注入源源不斷的動力。再造商業模式，則要求企業具備敏銳的洞察力和果敢的決斷力。當舊的商業模式逐漸失去活力時，企業必須果斷地進行變革，創造出更具競爭力的商業模式。這就像是一場華麗的蛻變，只有經歷了痛苦的掙扎，才能破繭成蝶，飛向更廣闊的天空。

　　一家科技公司成立之初，專注於監視器產品的研發、生產和銷售。在這個階段，他們以其高品質的攝影機、錄影機等傳統安防設備，在安防市場逐步站穩腳跟。其產品憑藉穩定的功能、良好的畫質等特色，被廣泛應用於各類企業、公共場所和家庭安防等領域。例如，在一些小型企業的辦公區域，他們的監視器能夠有效地監控人員出入和辦公區域的安全狀況；在賣場、超市等公共場所，其間是系統也為安全管理提供了有力保障。

　　隨著資訊科技的飛速發展，尤其是人工智慧、大數據和物聯網技術的興起，他們敏銳地捕捉到了產業發展的新趨勢。公司開始大力投入研發資源，將這些新興技術融入到安防產品中，逐步實現從傳統安防向智慧安防的轉型。例如，推出能夠進行人臉辨識、行為分析等功能的智慧攝影機。在公共場所，這些智慧攝影機可以快速辨識可疑人員，提升安防效率；在社區安防方面，智慧攝影機可以分析人員的異常行為，如在特定範圍內徘徊、翻越圍欄等行為，並及時發出警報。

商業模式創新 —— 產品多元化與整合化

1. 多元化產品矩陣

他們不再局限於單一的安防產品，而是建構了一個多元化的產品矩陣。除了傳統的監視器之外，還推出了一系列與安防相關的產品，如智慧門禁系統、警報設備、影片儲存設備等。以智慧門禁系統為例，它可以與攝影機進行聯動，當有人刷卡進入時，攝影機可以自動進行拍攝並進行身分驗證。這種多元化的產品布局，滿足了客戶對於安防解決方案採購一次到位的需求，提升了客戶的黏著度。

2. 整合化解決方案

他們更是將其眾多產品進行整合，為不同產業的客戶提供訂製化的安防解決方案。在金融產業，他們針對銀行的安防需求，將監視系統、警報系統、門禁系統等整合在一起，形成一個完整的安防體系。從銀行營業大廳的人員監視、ATM 區域的異常行為監測到金庫的安全防範，整合化解決方案都能提供全方位的保障。在交通產業，他們的整合方案涵蓋了道路監視、車牌辨識、交通流量分析等多個方面，有助於提升交通管理的智慧化程度。

商業模式創新 —— 從硬體銷售到加值服務的轉變

1. 雲端服務與資料儲存

他們意識到，在智慧安防時代，資料的價值越來越重要。因此，公司推出了雲端服務和資料儲存加值服務。對於一些中小企業和家庭使用者，他們可能沒有足夠的能力建立自己的影片資料儲存中心，他們的雲

端服務就可以為他們提供便捷的資料儲存和管理解決方案。使用者可以透過網路隨時隨地查看監視器影片，並且不用擔心資料丟失的風險。同時，他們利用其雲端平臺對大量的影片資料進行分析，挖掘資料背後的價值，如提供基於影片資料的商業智慧分析服務，為企業的營運管理提供決策支持。

2. 維護與售後加值服務

除了雲端服務，他們還加強了營運維護和售後加值服務。在安防系統的整個生命週期中，設備的維護和升級是非常重要的環節。他們建立了專業的維護團隊，為客戶提供設備的定期巡檢、故障排除、軟體升級等服務。例如，維護團隊可以即時監測設備的運作狀態，一旦發現設備出現故障，能夠迅速反應並進行修復，確保安防系統的持續穩定運作。這種從硬體銷售為主到提供加值服務的轉變，不僅增加了企業的收入來源，還進一步提升了企業在客戶心中的形象。

四個層次洞察外部整體環境

當今世界，科技變革如狂風驟雨，全球化似洶湧洪流，市場競爭激烈得讓人窒息，消費者需求更是變幻莫測。企業只有敏銳地捕捉外部整體環境的細微變化，從政治、經濟、社會、技術這四個層次深入剖析，才能精準找到策略升級的方向，在時代的風暴中屹立不倒。

一間新能源汽車製造商，以其敏銳的洞察力和果敢的策略升級，向我們展現了企業在時代變革中如何乘風破浪、鑄就輝煌。

四個層次分析外部整體環境

1. 政治與法律層次

政策支持：在這間新能源汽車製造商的發展過程中，政府的產業政策發揮了關鍵作用。例如，許多國家和地區為了推動新能源汽車產業的發展，發布了補貼政策、購車優惠等措施，這使得新能源汽車企業在早期能夠有足夠的資金進行研發和擴大生產規模。此外，環保法規的日益嚴格也促使汽車產業向新能源方向轉型，他們提前布局新能源汽車領域，符合政策導向，為其發展贏得了先機。

貿易政策影響：貿易政策也為企業帶來了挑戰。全球貿易衝突增加，一些國家對進口產品會設置關稅障礙和貿易限制。在拓展國際市場時，需要應對這些複雜的貿易政策。但同時，這也促使他們加快在地化生產策略，透過在海外建立工廠等方式來規避貿易風險，提升市場競爭力。

2. 經濟層次

總體經濟形勢與市場需求：隨著全球經濟的發展，消費者對汽車的需求結構發生了變化。在經濟成長時期，消費者對汽車的購買力增強，同時對環保、節能汽車的需求逐漸上升。他們抓住了這一市場趨勢，將業務重點放在新能源汽車上。在經濟下行時期，透過改良成本結構，推出 CP 值更高的車型來保持市場占有率。此外，能源價格的波動也影響著汽車市場。新能源汽車在油價上漲時期更具優勢，吸引了更多消費者。

成本與供應鏈經濟：從成本角度來看，原物料價格的變化對他們的影響重大。例如，電池原物料鋰等的價格波動會影響電池生產成本。他們透過垂直整合供應鏈，不僅在電池生產上自給自足，還涉足晶片等關鍵零組件領域，有效降低了供應鏈成本和供應風險。在全球經濟整合的背景下，還利用全球資源，改良供應鏈布局，提升了企業的經濟效益。

3. 社會與文化層次

消費觀念轉變：社會對環保和永續發展的關注度不斷提升，消費者的環保意識逐漸提升。這使得新能源汽車的市場接受度越來越高。他們的新能源汽車以其環保、低噪音等特色，滿足了消費者對綠色交通的需求。此外，消費者對汽車的智慧化、舒適性等方面的要求也在提升。他們積極對此回應，在汽車中融入先進的智慧駕駛技術和舒適的內裝設計，提升了產品的吸引力。

人口結構變化：人口結構的變化也影響著汽車市場。隨著年輕一代成為購車主力，他們對汽車的外觀設計、科技感等方面有更高的要求。他們重產品的年輕化設計，推出了一系列時尚、科技感十足的車型。同時，高齡化社會的趨勢也促使他們考慮開發更適合老年人使用的便捷交通工具。

4. 技術層次

新能源技術創新：他們在新能源技術方面一直處於產業領先地位。其在電池技術上不斷創新，研發出高效能、長續航、安全可靠的電池。在新能源汽車的動力系統、充電技術等方面，他們也持續投入研發，提升了產品的技術競爭力。

智慧物聯網技術融合：隨著智慧物聯網技術的發展，他們將其與汽車技術深度融合。汽車不再僅僅是交通工具，而是成為了智慧行動設備。他們的汽車配備了先進的智慧駕駛輔助系統、車聯網功能等，提升了使用者的使用感受。透過與科技企業的合作和自主研發，他們在技術融合方面走在了前端，為企業發展提供了強大動力。

應對整體環境變化的策略

1. 靈活調整策略

面對政治和經濟環境的變化，他們及時調整策略。

在補貼政策減少時，透過改良產品結構和成本控制來應對。在貿易衝突下，加快海外市場在地化生產策略，與當地政府和企業合作，建立生產基地和銷售網路。

2. 創新驅動發展

在技術和社會文化環境變化的驅動下，他們堅持創新。擴大研發投入，不僅在核心技術，如電池和新能源汽車架構上創新，還在滿足消費者需求的設計和功能方面創新。透過創新提升產品附加價值，增強市場競爭力。

3. 強化供應鏈管理

針對經濟和供應環境的不確定性，他們強化供應鏈管理。透過垂直整合和多元化採購策略，降低原物料價格波動和供應中斷的風險。同時，與供應商建立長期穩定的合作關係，共同應對市場變化。

上文分析總結了他們對整體環境變化的應對策略，從中可以看出，整體環境的改變對企業發展有著重大影響。其實，不只是像這樣的大型企業，對於許多中小企業而言，整體環境的變化同樣是機遇與挑戰並存，中小企業的可以採取以下應對策略：

政治與法律層次建議

關注政策動態：中小企業要密切關注國家和地方政府的產業政策、環保法規等政策變化。例如，如果政府有對某一新興產業的扶植政策，企業可以考慮是否有機會進入該領域。對於環保法規，要提前布局，確保企業生產符合環保要求，避免因違規而遭受損失。

積極參與政策制定過程：中小企業可以透過產業協會等組織，積極參與政策制定的建議過程。讓政府了解產業的實際情況和企業的需求，爭取更有力的政策支持。例如，對於一些不合理的貿易政策，產業內企業可以聯合起來向政府反映情況，尋求解決方案。

經濟層次建議

做好成本控制和風險管理：在經濟波動時期，中小企業要改良成本結構。可以透過提升生產效率、降低原物料浪費等方式來降低生產成本。同時，要對市場需求的變化有敏銳的洞察力，合理安排生產計畫，避免庫存積壓。對於匯率、原物料價格等經濟風險，要建立風險預警機制，透過金融工具等手段進行風險管理。

改良供應鏈合作：中小企業可以與供應商建立緊密的合作關係，共同應對成本壓力。可以透過聯合採購等方式降低採購成本。同時，要尋找替代供應商，以應對供應中斷的風險。在拓展市場方面，要根據總體經濟形勢，選擇合適的市場和行銷管道，例如在經濟下行時期，可以注重開發 CP 值高的產品，滿足消費者對價格敏感的需求。

社會與文化層次建議

關注消費者需求變化：中小企業要深入了解消費者的需求變化趨勢，尤其是社會文化因素對消費行為的影響。如果企業是生產消費品的，要注重產品的設計和功能是否符合當前社會的價值觀念和文化氛圍。例如，隨著環保意識的增強，企業可以考慮推出環保型產品或採用環保包裝。

打造品牌文化：根據目標客群的社會文化特徵，打造獨特的品牌文化。對於年輕消費者為主的市場，品牌可以展現時尚、活力等元素。透過品牌文化的塑造，提升品牌忠誠度和產品附加價值。同時，要關注人口結構變化帶來的市場區隔機會，開發有針對性的產品。

技術層次建議

持續創新意識：中小企業要樹立持續創新的意識，即使資源有限，也要在力所能及的範圍內進行技術研發。可以與大學、研究機構合作，利用外部資源提升企業的技術水準。關注產業的尖端技術趨勢，如人工智慧、物聯網等，嘗試將這些技術應用到企業的產品或生產過程中。

技術導入與消化：對於一些成熟的先進技術，中小企業可以考慮導入，但要注重消化吸收。不能僅僅依賴外部技術，要在導入的基礎上進行改進和創新，形成自己的技術優勢。同時，要注重智慧財產權保護，在創新過程中保護好自己的技術成果。

第八章　因應變局──策略升級的進化思維

　　透過對企業四個維度的外部整體環境下的發展分析，我們可以看到企業成功需要對整體環境有深入的理解和靈活的應對策略。對於中小企業而言，雖然面臨的資源和規模限制更多，但透過關注政策、經濟、社會文化和技術等整體環境因素，並採取相應的建議措施，同樣可以在複雜的市場環境中生存和發展。在未來，外部整體環境將繼續變化，企業需要保持敏銳的洞察力和適應能力，不斷調整策略，以實現永續發展。中小企業只要善於利用整體環境中的機遇，克服挑戰，就有機會在各自的領域中取得成功。

內心法則與世俗法則的平衡

　　企業的決策過程中，內心法則與世俗法則這兩個關鍵因素相互交織、彼此影響，共同塑造著企業的發展軌跡。(詳見圖 8-1)內心法則涵蓋了靈魂、精神、意義和目的等多個層面，深刻地反映了企業的核心價值觀與長遠追求。從靈魂層面來看，這是企業創立者內心深處最純粹、最熾熱的信念火焰。以微軟為例，其靈魂或許可歸結為讓電腦技術普及到全球的每一個角落，從而改變人們的生活與工作方式。這種宏大的願景猶如燈塔，在企業面臨諸如是否涉足新興技術領域、如何進行策略布局等重大決策時，具有關鍵性的引導作用。

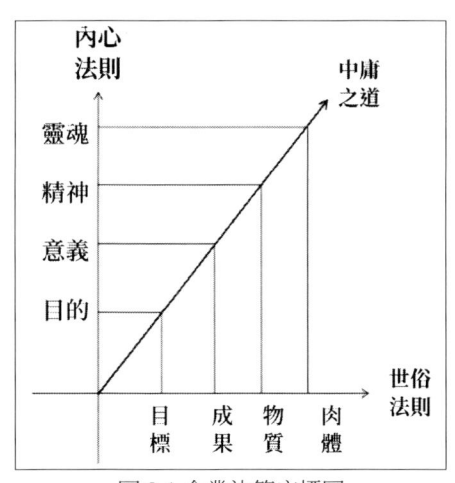

圖 8-1 企業決策座標圖

　　在精神層面，企業內部所培育和弘揚的創新、合作與進取等精神特質，是推動企業不斷前行的強大引擎。在企業決策是否加強對研發的投入、進行跨部門合作專案時，這種精神層面的考量占據著舉足輕重的地位。若決策能夠進一步激發和培育這些核心精神，企業便能在激烈的市場競爭中始終保持旺盛的生命力與獨特的競爭力；反之，則可能陷入因

循守舊、故步自封的困境。

意義層面則賦予了企業決策更深層次的價值內涵。企業所推出的每一款產品或服務，不應僅僅局限於其物質功能的表現，更應關注其對消費者生活品質的提升、對社會文化的正面影響，以及對產業發展正規化的創新引領。例如，蘋果的產品，不僅以其卓越的效能和精美的設計贏得了消費者的青睞，更透過其獨特的使用者感受和生態系統，改變了人們的溝通、娛樂與工作方式，在一定程度上推動了全球數位文化的發展。在企業的市場行銷、產品定位等決策過程中，深入挖掘並有效傳達產品或服務的意義，能夠使企業與消費者建立起更為深厚、持久的情感連結，進而提升品牌忠誠度與市場影響力。

目的層面為企業在不同發展階段設定了明確且具有針對性的內在目標。這些目標既包括提升企業的社會聲譽、增強員工的職業歸屬感等非財務性目標，也涵蓋完善企業的社會責任履行體系、推動企業永續發展等長遠目標。在企業的人力資源規劃、策略決策制定等過程中，目的層面的考量確保了決策方向與企業的長遠願景高度一致，使企業在追求經濟效益的同時，始終堅守社會責任與內在發展需求。

與內心法則相對應的世俗法則，則是企業立足現實、穩健前行的基石。

它包含肉體、目標、成果和物質等關鍵要素，緊密關聯著企業的日常營運與實際發展。

肉體層面涉及到員工的基本工作環境、辦公設施的完備程度，以及企業營運場所的安全性與舒適性等基礎物質條件。一個良好的工作環境，如舒適的辦公空間、先進的生產設備以及完善的勞動安全保障措施，對於提升員工的工作效率、降低工傷事故發生率、提升員工的工作滿意度與忠誠度具有極為重要的作用。例如，製造業企業在工廠選址與

建置過程中，必須充分考慮工廠的通風、採光、噪音控制等因素，以及生產設備的人體工學設計與安全防護裝置配備等問題。在企業的設備採購、人力資源管理等決策中，肉體層面的考量是不可或缺的重要環節，忽視這一環節可能導致員工流動率上升、生產效率低下，以及企業形象受損等一系列負面影響。

目標層面為企業在市場競爭中設置了清晰的量化指引。無論是短期的銷售額成長目標、市場占有率提升目標，還是長期的產品研發規劃與企業策略布局目標，都為企業的營運與決策提供了明確的方向與強大的動力。在企業的市場行銷策劃、資源配置決策，以及績效考核體系建構等過程中，目標層面的考量確保了企業資源能夠集中投向那些最具潛力、最符合企業策略方向的業務領域與專案，使企業在激烈的市場競爭中始終保持明確的前進方向與高效的資源運用效率。

成果層面是檢驗企業決策有效性與正確性的直觀標準。企業決策實施後所產生的實際成果，如產品的市場銷量、利潤比例的高低、客戶滿意度的提升幅度等，直接反映了企業在市場中的表現與競爭力水準。例如，亞馬遜在推出新的電商服務或產品功能後，會透過大量的資料追蹤與分析，密切關注使用者的購買行為、市場回饋，以及財務相關數據的變化，以此評估決策的效果。在企業的專案評估、策略調整，以及管理層績效考核等過程中，成果層面的考量促使企業及時總結經驗教訓，發現問題並迅速調整決策方向，以不斷提升企業的營運績效與市場競爭力。

物質層面則聚焦於企業營運所需的物質資源管理與運用。合理的資金規劃、高效的固定資產投資決策，以及穩定的原物料供應保障，是企業持續穩定營運的物質核心支撐。例如，房地產企業在專案開發過程中，需要精確計算資金的投入與回收週期，合理配置土地、建築設備等固定資產，確保鋼材、水泥等原物料的及時供應與品質控制。在企業的

第八章　因應變局—策略升級的進化思維

投資決策、供應鏈管理，以及財務管理等過程中，物質層面的考量要求企業在保障物質資源安全穩定的前提下，實現資源的最佳化配置與有效利用，以降低營運成本、提升經濟效益，增強企業的抗風險能力與永續發展能力。

在企業決策的複雜舞臺上，中庸之道成為了平衡內心法則與世俗法則的智慧鑰匙。它並非是一種簡單的折中或平庸之道，而是在深刻洞察企業內外部環境的基礎上，尋求兩者最佳平衡點的藝術與哲學。例如，在產品研發過程中，企業既要充分考慮產品的市場需求、成本控制、銷售預期等世俗因素，確保產品在商業上的可行性與成功性；又要深入思考產品對於社會文化、消費者精神需求的滿足，以及對企業品牌形象與價值觀的傳遞等內心因素，如產品是否符合環保理念、是否能夠激發消費者的情感共鳴與美感享受等。只有在這兩者之間找到完美的連結點，企業才能在短期利益與長期發展、經濟效益與社會效益之間達成平衡，踏上永續發展的康莊大道。

然而，在實際的企業營運實踐中，實現內心法則與世俗法則的平衡並非一帆風順，而是充滿了各種挑戰與考驗。一方面，市場競爭的激烈壓力與短期利益的誘人誘惑，常常使企業在決策過程中不自覺地偏向世俗法則，而忘了要堅守內心法則。一些企業為了追求眼前的利潤最大化，不惜採用不正當的競爭手段、降低產品品質標準、過度壓榨員工等短視近利的行為。雖然這些行為在短期內可能帶來一定的經濟效益，但從長遠來看，必然會對企業的品牌形象、員工士氣、社會聲譽以及客戶忠誠度造成嚴重損害，最終導致企業在市場競爭中逐漸失去立足之地。

另一方面，過於理想化的內心法則追求也可能使企業脫離實際情況，陷入商業營運的困境。一些新創企業在創業初期，僅憑一腔熱血和宏大的理想願景，在缺乏充分市場調查、商業可行性分析，以及資源配

合規劃的情況下,盲目推展業務,最終因無法實現盈利、資金鏈斷裂等問題而夭折。

為了有效應對這些挑戰,企業需要建構一套完善且科學化的決策機制與正向健康的企業文化。在決策機制方面,企業應在決策過程中導入多元度的指標評估體系,不僅包括財務指標、市場指標等傳統的世俗層面指標,還應涵蓋社會責任指標、員工滿意度指標、品牌價值指標等內心層面指標。同時,建立跨部門、跨專業的決策團隊,鼓勵不同背景、不同思考方式的員工積極參與決策過程,從不同視角審視決策的合理性、平衡性與永續性。例如,在新產品研發決策過程中,除了研發部門和市場部門的參與外,還應邀請人力資源部門、法務部門、企業社會責任部門等相關部門共同參與討論,從員工培訓需求、合法性、社會影響等多個角度進行綜合評估。

在企業文化建設方面,企業應著重在培育一個強調平衡、和諧、永續發展的文化氛圍。透過定期的培訓、內部宣傳、案例分享等方式,將內心法則與世俗法則的平衡理念深入植在每一位員工的心中,使員工在日常工作中能夠自發地將這種理念貫徹到每一個決策和行動中。例如,企業可以舉行以「平衡與發展」為主題的系列培訓活動,邀請產業專家、學者舉辦講座與案例分析,組織員工進行小組討論與經驗分享,使員工深刻理解平衡決策對於企業和個人發展的重要性。

有幾間企業在這方面堪稱典範。有企業始終秉持對通訊技術創新的不懈追求,將全球連線、建構萬物互聯的智慧世界作為企業的靈魂使命,在 5G 技術研發等領域持續投入龐大資源,展現出強大的企業家精神和創新精神。同時,透過高效的供應鏈管理、嚴格的成本控制以及精準的市場行銷策略,在全球通訊市場受到世界的矚目,並注重員工的培養與發展,為員工提供良好的工作環境和福利待遇。

第八章　因應變局—策略升級的進化思維

有企業以創新精神為驅動，致力於透過無人機技術的創新為人類探索未知世界提供全新工具和視角，賦予產品深刻的意義和價值，推動無人機技術在航拍、農業、測算等多個領域廣泛應用。在商業營運上，根據市場需求不斷推出多樣化產品，制定合理的定價策略和市場推廣計畫，使得銷售額與市占率穩步提升，同時注重產品品質和售後服務保障。

有的食品企業堅守提供健康、美味食品的使命，注重產品品質與安全，展現對消費者的責任與關懷。在市場競爭中，積極適應市場變化，拓展產品線和銷售通路，透過有效的成本控制和行銷策略占據一定市場占有率，還積極履行社會責任，例如聘用身心障礙人士，提升了品牌形象和社會聲譽。

在企業營運過程中，內心法則與世俗法則的衝突不可避免，此時內心法應發揮約束作用。例如，某化妝品企業若面臨供應商提供成本極低但存在安全隱患原物料的情況，即便短期內可降低成本、提升利潤，若與保障消費者健康安全的內心法則相悖，應堅決拒絕，以維護品牌信譽和長遠形象。

企業追求目標時，不能只重數字而忽視手段與員工狀況。如科技公司設下高難度專案目標，若僅靠強制加班完成，易引發員工牴觸與離職。企業應向員工闡釋專案意義，如改善使用者的使用經驗、促進產業發展及助力員工職業成長等，合理安排任務，關注員工身心健康，提供相關資源，激發員工創造力與潛力，達到共同成長。

企業取得成果時，其意義應利他、利於社會國家。如環保產業企業投身可再生能源開發、廢棄物處理等領域，在創造經濟效益同時，為緩解環境問題、推動永續發展助力。反之，若企業為逐利違規排汙、破壞生態，雖短期獲利，終將受法律制裁與社會譴責，損害長遠發展。

商業營運中，企業要平衡情懷與現實。獨立書店或小眾咖啡館若僅有情懷而缺乏合理商業策略，如選址不當、定價不合理、營運模式僵化，難以在競爭中生存。而星巴克將咖啡文化推廣與精準市場定位、標準化產品服務與有效率的連鎖營運相結合，在商業成功與文化傳播上取得雙贏。

　　企業決策需全面考量內心法則與世俗法則諸多層次，深刻領悟二者關係並以中庸之道平衡。唯有如此，企業方能在激烈市場競爭中穩立潮頭，達成經濟效益與社會效益的雙豐收，在不斷變化的市場環境與社會需求中，堅守價值追求，務實應對挑戰。

第八章　因應變局—策略升級的進化思維

企業不同發展時期的策略突圍之道

　　企業如同生命體，有著自身的發展週期，在不同階段面臨著各異的挑戰與機遇。理解並掌握各階段策略突圍的關鍵，對於企業的生存與發展至關重需要注意的是：結合下圖，我們能夠更加清晰地了解如何實現策略突圍。幼兒期包括此圖的前三個（孕育期、嬰兒期和學步期）時期。在企業週期的不同階段，策略突圍的四個核心層面（目標和行動、行政、創新和企業文化）比重不同，基本上可以算作應對企業週期律的基本原則。

**PAEI在生命週期個階段有著不同的分布，
在某一階段會突出其中某些因素**

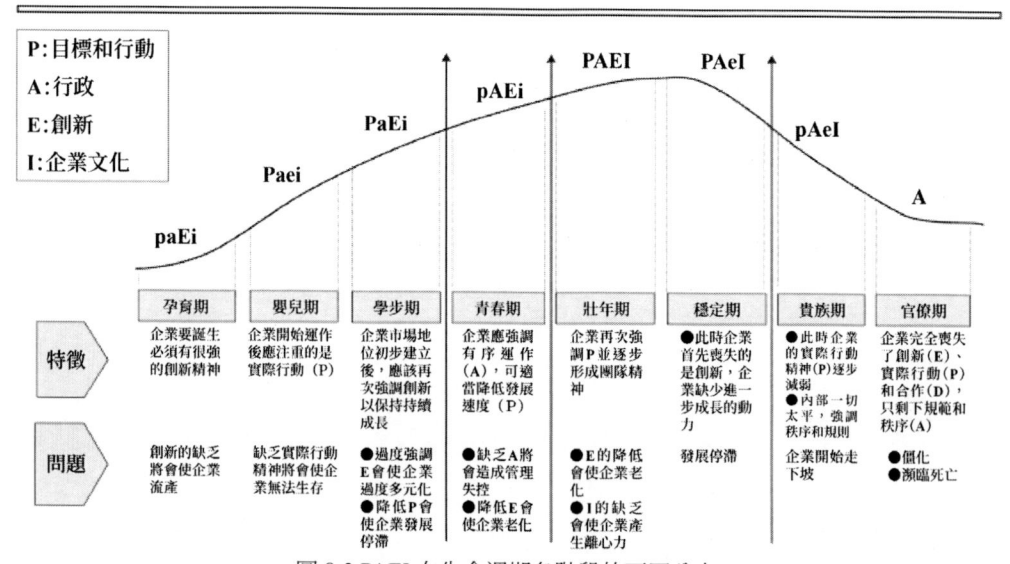

P：目標和行動
A：行政
E：創新
I：企業文化

階段	孕育期	嬰兒期	學步期	青春期	壯年期	穩定期	貴族期	官僚期
PAEI	paEi	Paei	PaEi	pAEi	PAEI	PAeI	pAeI	A
特徵	企業要誕生必須有很強的創新精神	企業開始運作後應該注重的是實際行動（P）	企業市場地位初步建立後，應該再次強調創新以保持續成長	企業應強調有序運作（A），可適當降低發展速度（P）	企業再次強調P並逐步形成團隊精神	此時企業首先喪失的是創新，企業缺少進一步成長的動力	●此時企業的實際行動精神（P）逐步減弱 ●內部一切太平，強調秩序和規則	企業完全喪失了創新（E）、實際行動（P）和合作（D），只剩下規範和秩序（A）
問題	創新的缺乏將會使企業流產	缺乏實際行動精神將會使企業無法生存	●過度強調E會使企業過度多元化 ●降低P會使企業發展停滯	●缺乏A將會造成管理失控 ●降低E會使企業老化	●E的降低會使企業老化 ●I的缺乏會使企業產生離心力	發展停滯	企業開始走下坡	●僵化 ●瀕臨死亡

圖 8-2　PAEI 在生命週期各階段的不同分布

幼兒期策略突圍

此時期為創意實施實驗階段，類似專案空想期，從投資人視角屬於種子期，企業死亡機率極高。往往企業在孕育期僅有模糊的商業概念，嬰兒期開始嘗試產品或服務雛形開發，學步期則初步推向市場，處於摸索前行狀態，各方面資源匱乏且不穩定。

（一）策略重點與重心

1. 業務邏輯驗證

企業必須全力驗證自身業務邏輯的可行性。例如，透過小規模市場測試、使用者回饋收集與分析，確定產品或服務是否真正滿足市場需求，是否存在可盈利的商業模式。這是企業生存的根基，若業務邏輯無法成立，後續發展無從談起。

2. 榜樣企業與市場開發

積極比照產業優秀企業，學習其成功經驗，如營運模式、行銷策略等。同時，努力建立陌生市場銷售流程，即從市場推廣、客戶開發、產品交付到售後服務的各環節順暢運轉，確保企業能夠在市場中初步立足並獲得現金流。

(二)核心層次比重

1. 創新主導

此階段創新比重極高，企業的創意能否轉化為可行的產品或服務創新是關鍵。新的商業模式、產品特色或服務方式等創新元素決定了企業能否吸引客戶與投資者的關注。

2. 目標與行動聚焦

目標明確且行動集中於業務邏輯驗證與市場開拓，行政與企業文化的建立相對次要。企業全員精力主要放在如何讓創意有效落實，行政體系簡單靈活以適應快速變化，企業文化處於初步萌芽狀態。

青春期策略突圍

企業度過生死期，實現盈虧平衡，開始有了一定的發展基礎，但仍面臨諸多成長挑戰，如市場占有率有限、品牌知名度不高、管理體系有待完善等。

(一)策略重點與重心

1. 品牌塑造

樹立強烈的品牌意識，投入資源進行品牌定位、形象設計與傳播。透過優質的產品或服務經驗、廣告宣傳、公關活動等多種手段，提升品牌知名度與好感度，使企業在消費者心中建立獨特的品牌形象，從而增強市場競爭力。

2. 產品改良與成本控制

持續改良產品，提升產品品質、效能與附加價值。同時，建立有效率的管理團隊，改良內部營運流程，降低生產成本，力求產業成本領先。例如，透過供應鏈管理控制採購成本，提升生產效率降低製造成本，合理規劃人力資源降低人力成本等。

3. 市場擴張與資本挹注

擴大行銷管道與力道，拓展市場範圍，提升市場占有率。積極引進金融資本，為企業進一步發展提供資金支持，加快企業成長速度，提升企業在產業中的地位與影響力，向產業領先者邁進。

（二）核心層次比重

1. 目標與行動多元

目標涵蓋品牌、市場、成本與資本等方面，圍繞這些目標展開大規模的推進行動。既注重產品市場的擴張行動，又著重資本運作層面的行動。

2. 創新持續

創新仍占據重要地位，產品創新以滿足市場多樣化需求，行銷創新以開拓新市場與客戶群體。行政體系逐步完善以支援企業規模擴大後的管理需求，企業文化開始初步形成並凝聚員工。

第八章　因應變局─策略升級的進化思維

壯年期策略突圍

企業已具備較強實力，在產業中有了一定地位，但面臨著保持領先與持續成長的壓力，市場競爭更為激烈，產業格局逐漸穩定。

（一）策略重點與重心

1. 產業地位鞏固

積極發展成為業界龍頭，擴大研發投入，推出引領產業趨勢的產品或服務，制定產業標準，影響產業發展方向。例如，透過技術創新突破，使企業產品在效能、功能或環保等方面遠超同行，成為產業典範。

2. 人才與管理強化

對內強化管理，建立高效且完備的人才團隊。吸引、培養與留住頂尖人才，建構完善的人才選拔、培訓、激勵與晉升制度。

同時，改良企業組織架構，提升管理效率與決策品質，以應對企業規模擴大帶來的管理複雜性。

3. 資本與業績提升

創造產業業績新高，透過卓越的經營業績吸引更多資本青睞，進一步強化企業在資本與產業市場的雙重優勢地位，實現企業發展的良性循環與穩定成長。

(二) 核心層次比重

1. 目標與行動高階化

目標聚焦於產業領導地位的鞏固與提升，行動涉及大規模研發投入、專業人才策略實施等高階層面措施。

2. 創新引領

創新成為引領企業發展的核心驅動力，技術創新、管理創新與商業模式創新並重。行政體系成熟且靈活，支援企業策略決策與執行，企業文化深入人心，成為凝聚員工與塑造企業形象的重要力量。

穩定期策略突圍

企業在市場中處於相對穩定狀態，主業發展成熟，但面臨著內部管理僵化、市場拓展瓶頸，以及跨界投資風險等潛在問題。

(一) 策略重點與重心

1. 內部管理改良

積極完善內部管理，預防內部部門本位主義或官僚化的傾向。改良內部溝通機制、決策流程與監督體系，提升管理透明度與效率，確保企業內部營運順暢，避免因內部矛盾與無效管理耗損企業資源與競爭力。

2. 主業堅守與拓展

　　嚴守主業，專精核心業務的發展，透過技術升級、產品延伸或改善服務等方式提升主業附加價值與市場競爭力。同時，可以適當拓展上下游業務，整合產業鏈資源，實現合作發展，降低成本與風險，提升企業整體抗風險能力。

3. 資本助力上市

　　藉助資本力量，規劃企業上市路徑，完善企業財務、治理結構等上市要求，實現企業從私人公司向上市公司的轉變，提升企業品牌形象、融資能力與市場影響力，為企業長遠發展奠定堅實基礎。

（二）核心層次比重

1. 行政與目標平衡

　　行政體系的改良與目標的設置（如主業拓展與上市目標）並重，行政為目標實現提供制度保障與營運支持。創新著重於主業相關的漸進式創新，以維持主業競爭力。企業文化注重傳承與穩定，凝聚員工圍繞主業發展。

2. 行動穩健

　　企業行動以穩健為主，無論是內部管理改革還是業務拓展都避免激進手段，充分評估風險與收益。

貴族期策略突圍

大企業病開始顯現，內部管理臃腫，協調成本與推動效率成本極高，企業文化改變，企業市場競爭力逐漸下滑，面臨丟失市場占有率的風險。

（一）策略重點與重心

1. 自我革新決心

必須壯士斷腕，刮骨療傷，進行全面自我革命。這包括對臃腫的組織架構進行精簡，去除冗餘部門與職位，提升組織效率；對效率低下的業務進行清理或轉型，集中資源，發展核心優勢業務。

2. 文化重塑與管理變革

重新審視與重塑企業文化，回歸企業創業初心與核心價值觀，消除因企業規模擴大而產生的不良文化現象，如官僚作風、小團體等。同時，推動管理變革，導入現代管理理念與工具，如數位化管理、靈活管理等，提升企業營運效率與決策速度。

（二）核心層次比重

1. 行政變革核心

行政變革成為關鍵，大刀闊斧地改革管理體系，降低協調成本。創新以管理創新為先導，為企業重生創造制度與營運模式基礎。

企業文化重塑是靈魂工程，凝聚員工重新激發企業活力。目標與行動圍繞企業復興與競爭力重塑進行。

2. 行動果斷

面對問題不再拖延與迴避，果斷採取行動，儘管變革的過程可能面臨諸多阻力，但為了企業生存與發展必須堅定推進。

官僚期策略突圍

潛規則盛行，企業文化被消融，人情關係主導制度執行，股東內鬥嚴重，企業創新與變革受阻，發展陷入嚴重困境。

（一）策略重點與重心

1. 人員與業務重組

學習成功轉型企業的經驗，及時清退庸人，淘汰那些不適應企業發展、缺乏創新能力與工作效率低下的員工。嚴厲打擊人情關係對制度的干擾，建立公平公正、以能力與業績為導向的企業環境。

同時，對業務和管理模式進行重組，改良業務流程，去除不合理業務環節，提升業務營運效率。

2. 年輕化與輕資產轉型

推動年輕人上位，為企業注入新鮮血液與創新活力，年輕人往往具有更敏銳的市場洞察力、更強的創新意識與變革適應能力。改良業務結構，向輕資產運作模式轉型，降低企業資產負債率與營運風險，提升企業資產營運效率與靈活性。例如，從傳統重資產製造業務向品牌營運、技術服務等輕資產領域拓展。

3. 果斷止損轉型

對於那些虧損嚴重、前景黯淡的業務果斷放棄，及時止損，將資源轉移到有潛力、符合市場趨勢的新業務領域，使企業策略轉型與重生。

（二）核心層次比重

1. 行政重建

行政體系重建是首要任務，重塑制度權威，規範企業營運秩序。創新以業務創新與模式創新為主，為企業轉型提供新動力。企業文化重新培育，營造積極向上、創新進取的新氛圍。以轉型與止損作為行動目標，行動迅速且堅決。

2. 全方位變革

此階段需要全方位變革，涉及人員、業務、管理、文化等各個方面，且各方面相互關聯、相互影響，需要統籌規劃與協力推進。

死亡期策略突圍

企業已瀕臨絕境，傳統業務難以為繼，市場占有率幾乎喪失殆盡，企業面臨著生死抉擇。

（一）策略重點與重心

資源整合與新業務開拓：果斷放棄已無生機的傳統業務，積極整合企業剩餘資源，包括人力、物力、財力，以及人脈資源等。利用這些資

第八章　因應變局—策略升級的進化思維

源和人脈開拓全新業務領域，尋找企業新的生存與發展機會。這需要企業管理者具備敏銳的市場洞察力與果斷的決策能力，勇於突破傳統思維局限，探索未知領域。

（二）核心層次比重

　　創新求生：創新成為唯一希望，以全新的商業創意、業務模式或產品服務開拓新業務。目標單一且明確，即實現企業生存轉機。行政體系簡化以適應新業務探索需求，企業文化在絕境中重塑希望與冒險精神，行動孤注一擲但充滿靈活性與創造性。

　　企業在不同發展時期有著截然不同的特性與挑戰，策略突圍的重點和重心也隨之變化。從幼兒期的創意驗證與市場立足，到青春期的品牌塑造與成本控制，壯年期的產業領先追求，穩定期的內部改良與主業拓展，貴族期的自我革新，官僚期的全面轉型，再到死亡期的絕境求生，每個階段都需要企業管理者精準掌握策略方向，合理調整資源配置，依據目標和行動、行政、創新和企業文化四個核心維度的不同比重進行策略布局與決策。只有這樣，企業才能在複雜多變的市場環境中應對企業週期律，實現長期穩定發展，在不同發展階段都能煥發出新的生機與活力，保持競爭優勢，創改良造持續的商業價值。

第九章
實踐之道 —— 讓策略走出紙面

策略是輝煌的藍圖，是通往勝利的指引，但策略執行才是將藍圖鍛造成現實的烈焰熔爐。策略執行是如萬鈞雷霆般能粉碎一切阻礙的洪荒之力。完美的規劃、精巧的布局，若缺了強而有力的執行，皆為泡影。

第九章　實踐之道──讓策略走出紙面

風險可控，目標合理，必須做

當企業面對複雜多變的市場環境，風險如影隨形。只有做到風險可控，才能在前行的道路上穩步邁進。對風險進行精準辨識，如同為企業安裝了敏銳的感測器，無論是內部的技術研發、管理漏洞，還是外部的市場競爭、政策變化，都能盡收眼底。透過科學方式評估風險，釐清風險發生的可能性與影響程度，進而制定有效的應對策略，為企業的策略執行築牢安全防線。

目標合理，則為企業的行動指明方向。它既不能高不可攀，讓團隊望而卻步；也不能過於保守，失去激勵的力量。一個合理的目標，既能激發員工的鬥志，又能確保資源的合理配置，為企業的發展提供持續動力。

而「必須做」，則是一種堅定的決心和強大的執行力。在瞬息萬變的商業世界中，機會稍縱即逝。只有以果敢的行動，克服重重困難，不斷創新進取，才能將策略藍圖化為現實，在競爭的浪潮中立於不敗之地。

時代的變革，猶如一場猛烈的風暴，席捲著全球各個領域。科技革命如熊熊烈火般燃燒，人工智慧、大數據、區塊鏈等新興技術以排山倒海之勢重塑產業格局。全球化如洶湧潮水般奔騰不息，市場環境瞬息萬變，這既為企業帶來了前所未有的發展機遇，也對企業的策略執行帶來了巨大挑戰。

以變化快速的無人機領域為例。一方面，新興技術的不斷湧現為相關企業提供了廣闊的創新空間，使其能夠不斷推出具有領先效能的無人機產品。另一方面，激烈的市場競爭、複雜多變的經濟形勢以及不斷升級的消費者需求，也讓企業隨時面臨著嚴峻的考驗。然而，成功的企業憑藉其卓越的技術創新能力和高效的策略執行，在全球無人機市場中占據一席之地。

「風險可控」是企業策略執行的重要保障。

在策略執行過程中，風險辨識是第一步。企業充分意識到內部風險和外部風險的複雜性，在技術研發方面，考慮到技術創新可能帶來的風險，如技術不成熟、研發週期過長等。在市場競爭方面，密切關注競爭對手的動態，及時調整市場策略，以應對潛在的競爭風險。此外，還應對政策法規風險、經濟環境風險等外部風險保持高度警惕。

透過建立風險評估模型，企業可對各種風險進行量化分析。對於市場競爭風險，可根據競爭對手的實力、市場占有率、產品特色等因素，評估其對企業的影響程度。對於技術研發風險，則可根據技術難度、研發進度、成本投入等因素，評估其發生的可能性和影響程度。這種科學化的風險評估方法，使企業能夠更加準確地確定風險的優先順序和應對策略。

在風險控制方面，可以採取了一系列有效措施。在產品研發過程中，進行多輪測試和驗證，確保產品的品質和穩定性。在市場拓展方面，採取多元化的市場策略，降低對單一市場的依賴。同時，建立完善的售後服務體系，及時處理客戶回饋的問題，降低客戶流失的風險。這些措施共同構成了企業風險控制的堅固防線。

「目標合理」為企業的策略執行指明方向。

一個合理的目標應該是具體、可量化、可實現、具有挑戰性和時效性的。企業在制定策略目標時，需充分考慮企業的實際情況和市場需求。例如，制定在未來幾年內將市場占有率提升到一定比例、推出若干款具有創新性的產品等目標。這些目標既具有一定的挑戰性，又具有可實現性，激發了員工的積極性和創造力，推動企業不斷向前發展。

在資源配置方面，可根據不同的策略目標和業務需求，進行合理的規劃。在技術研發方面，投入大量的資金和人力，確保產品的技術領先

第九章　實踐之道—讓策略走出紙面

性。在市場拓展方面，根據不同地區的市場特性，合理分配行銷資源，提升市場占有率。這種資源的合理配置，能夠使企業更加有效地實現策略目標。

企業應建立完善的績效評估體系，對各個部門和員工的工作績效進行定期評估。評估指標主要包括銷售業績、市場占有率、產品品質、客戶滿意度等。透過對比實際績效與目標績效的差距，能夠及時發現問題，調整策略執行策略，確保企業的策略目標得以實現。

「必須做」展現了企業在策略執行中的堅定決心和強大執行力。

執行力是關鍵。在商業世界中，機會稍縱即逝，只有具備強大執行力的企業，才能抓住機遇，實現策略目標。在產品研發過程中，研發團隊需要能夠迅速響應市場需求，推出具有創新性的產品。在市場拓展方面，銷售團隊要能夠積極開拓市場，建立廣泛的銷售通路。這種強大的執行力，可為企業的策略執行提供了有力保障。

在策略執行過程中，企業必然會遇到各種困難和挑戰，如技術難題、市場競爭、政策法規限制等。但成功的企業始終堅持「必須做」的信念，積極尋找解決方案，克服一個又一個困難。例如，在面對競爭對手的技術封鎖時，加強自主研發力道，成功突破技術瓶頸，推出具有自主智慧財產權的核心技術。

持續創新也是「必須做」的重要內涵。在快速變化的市場環境中，企業只有不斷創新，才能保持競爭力，實現永續發展。

「風險可控，目標合理，必須做」，這句話為企業在策略執行過程中提供了重要的指引。透過有效的風險控制、合理的目標制定和堅定的執行決心，可以成功將策略藍圖變為現實。

不要去討論有沒有機會，做就對了

在這個瞬息萬變的時代，機會如同流星，稍縱即逝。企業若總是陷入無盡的討論，糾結於機會的有無，只會在遲疑中錯失良機。唯有勇敢地邁出第一步，果斷行動，才能在激烈的競爭中搶占先機。同時，策略執行是一場持久戰，企業需具備堅韌不拔的毅力，堅持不懈地推進。無論遇到多少困難與挑戰，都要堅定信念，持之以恆地將策略付諸實踐，唯有如此，才能真正將宏偉的藍圖變為璀璨的現實。

一間科技公司懷揣著成為全球領先的人工智慧平臺公司的宏偉願景，猶如一位堅定的行者，在實現這一願景的道路上穩步前行。透過堅持不懈地技術研發、市場拓展和生態建設，將這一願景逐步變為現實。如今，其人工智慧技術在多個領域被廣泛應用，在市場中占有一席之地。

果斷行動，是該企業成功的關鍵之一。在商業世界中，機會猶如流星，稍縱即逝。在早期發展階段，他們敏銳地察覺到人工智慧在安防領域的巨大潛力後，沒有陷入無盡的討論，而是迅速建立團隊，投入大量資源進行技術研發。以雷厲風行的作風，抓住市場先機，推出具有領先水準的智慧安防解決方案，為企業的發展奠定了扎實基礎。

比如在某城市的商業中心安防專案中，該企業的團隊在了解到該區域進出的人流量大、安全管理難度高的情況後，果斷行動。他們迅速派出專業人員進行實地考察，深入分析該商業中心的安全需求。在極短的時間內，就制定出了一套量身訂製的智慧安防方案。利用高精度的人臉辨識技術，對進出商業中心的人員進行快速準確的身分辨識，有效防止不法分子混入。同時，行為分析技術即時監測人員的異常行為，如突然奔跑、長時間聚集等，一旦發現異常，立即發出示警。這套智慧安防系

第九章　實踐之道─讓策略走出紙面

統的快速部署和執行效率，為商業中心的安全管理提供了強而有力的保障，也贏得了客戶的高度讚譽。

勇於嘗試，是企業不斷創新的動力泉源。創新往往伴隨著風險，但他們勇於冒險，勇於嘗試新的演算法和模型，不斷挑戰技術的極限。無論是在影像辨識技術的突破，還是在農業、製造業等傳統產業的應用探索，都展現出無畏的創新精神。他們深知，只有在不斷嘗試中，才能實現突破和發展。

在智慧教育領域，他們大膽嘗試將人工智慧技術應用於教學情境。

他們研發出智慧教學輔助系統，透過人臉辨識技術進行自動點名，提升考勤效率和準確性。同時，利用行為分析技術監測學生的課堂表現，為教師提供教學回饋，幫助教師更準確了解學生的學習狀態。這個創新的嘗試雖然在初期面臨著技術相容性、資料安全等問題，但他們的團隊沒有退縮，仍然積極與教育機構合作，尋求認同。

堅持不懈，是企業走向成功的保障。策略執行是一個長期的過程，該企業在發展中也遇到諸多困難和挑戰，如技術難題、市場競爭、資金壓力等。但他們始終堅守策略目標，不斷擴大技術研發投入，拓展市場通路，改良產品結構。

在技術研發方面，他們的研究團隊曾面臨演算法改良的瓶頸期。在影像辨識演算法的改進過程中，遇到了樣本數不足、演算法複雜度高等問題，導致演算法效率提升緩慢。然而，他們沒有放棄，持續投入時間和精力，進行大量實驗和資料分析。團隊成員們日夜奮戰，不斷嘗試新的方法和技術，經過無數個日夜的努力，終於找到了解決問題的關鍵，使演算法效率得到大幅提升。

注重團隊合作和溝通，確保各個環節工作順利進行。例如在一個重大的智慧城市專案中，他們的技術研發團隊負責開發智慧交通管理系

統，市場行銷團隊積極與政府部門溝通合作，產品經理則協調各方需求，確保系統功能符合實際應用場景。各團隊緊密合作，共同解決技術難題，制定市場推廣策略和改進產品功能，確保專案成功實施。

建立完善的監管機制，對策略執行情況進行即時監管。透過定期的市場調查和資料分析，了解市場動態和客戶需求變化，及時調整產品策略和市場推廣策略，同時掌握技術研發進度和專案實施情況，發現問題及時解決。例如，當發現某地區對安防需求發生變化時，他們便迅速調整智慧安防系統的功能和參數，以滿足當地客戶變化的需求。

他們的智慧安防系統為客戶提供了一系列具有顯著優勢的解決方案。在各種情況下，都能確保監視系統辨識的準確性和穩定性，為企業、園區、社區等場所的門禁管理提供有效便捷的解決方案，大大提升安全性。

行為分析技術即時監測人員異常行為，發現潛在安全風險。在某工業園區，他們的智慧安防系統透過行為分析技術，成功預警了一起潛在的安全事故。一名員工在工作區域出現異常行為，系統及時發出示警，保全人員迅速趕到現場，避免了事故的發生。透過智慧系統分析人員行為，提前預警盜竊、破壞等違法行為，為安全防範爭取寶貴時間。

智慧安防系統還具備強大的資料分析能力，對大量安防資料進行深度挖掘和分析，為客戶提供有價值的安全決策依據。例如透過分析人員流動規律和趨勢，改良安防布局，提升安全管理的針對性和有效性。在一個大型企業的安防管理中，他們的系統透過資料分析，發現了一些安全隱患區域，企業根據這些建議進行了安防布局的調整，大大提升了安全管理能力。

同時，系統具有高度的可延伸性和相容性，可與其他安防設備和系統無縫對接，形成更加完善的安防體系，發揮更大的協作效應，為客戶

第九章　實踐之道—讓策略走出紙面

提供全方位的安全保障。

建立創新容錯機制不可或缺，設立創新基金，寬容失敗。當專案團隊嘗試新演算法未取得理想效果時，召集專家分析總結，幫助找到問題所在並鼓勵繼續嘗試。例如一個研發團隊在嘗試一種新的人工智慧演算法時，經過多次嘗試仍然沒有達到預期效果。公司沒有責怪他們，而是召集了內部的技術專家進行深入分析，共同探討問題的根源。在專家的指導下，團隊成員們重新調整思路，繼續進行實驗和改良。最終，經過不懈努力，成功推出了一種效能更佳的演算法，為公司的技術創新作出了重要貢獻。

在時代變革的浪潮中，企業的策略執行極為重要。果斷行動、勇於嘗試、堅持不懈的方式，可以成功將策略藍圖變為現實，為其他企業樹立榜樣。

避開直覺陷阱，獲取準確答案

　　在商業的浩瀚征程中，直覺陷阱宛如幽靈，悄然潛伏。稍有疏忽，企業便可能誤入歧途，深陷困境。直覺，有時看似靈光乍現，實則可能是致命的誤導。過度依賴經驗會讓企業困於過去的成功，無法適應變化的市場；從眾心理則會使企業盲目跟風，失去獨特的競爭優勢；情感因素更可能讓決策被主觀偏好左右，忽視潛在風險。

　　要將宏偉藍圖變為現實，科學化的方法與堅定的執行力缺一不可。以理性分析代替直覺判斷，全面考量市場趨勢、競爭對手與消費者需求。用數字說話，在大量資訊中挖掘有價值的線索，為決策提供堅實依據。同時，要有強大的執行力，將策略規劃不折不扣地執行，不畏艱難險阻。只有這樣，企業才能在波譎雲詭的商業世界中穩步前行，避開直覺陷阱，將美好藍圖轉化為璀璨的現實成就。

　　曾經，Nokia 在功能性手機時代的巔峰之上，卻因沉湎於過去的成功，未能敏銳感知智慧型手機時代的浪潮，最終被市場無情拋棄；共享單車市場的跟風者們，在從眾心理的驅使下，忘卻自身優勢，在激烈競爭中黯然退場；創業者們被熱情矇蔽雙眼，高估市場需求，忽視調查分析，陷入困境。這些直覺陷阱，如同無形的枷鎖，緊緊束縛著企業的發展。然而，輝達卻如同夜空中最亮的星，以其卓越的智慧和果敢的行動，成功避開了直覺陷阱，照亮了商業前行的道路。那麼，輝達是如何避開直覺陷阱，獲取準確答案的呢？（詳見表 9-1）

表 9-1 輝達避開直覺陷阱的具體措施

輝達避開直覺陷阱的措施	具體作法	案例
精準的市場洞察，擺脫經驗主義束縛	深入分析市場數據資料和技術發展趨勢，不盲目跟風，果斷投入與市場趨勢相符的新領域研發	2000 年時，未跟風爭奪 GPU 市場占有率，而是洞察到人工智慧機遇，投入研發；2010 年左右，當多數廠商專注於遊戲繪圖效能提升時，已關注人工智慧領域發展
堅持資料驅動決策，杜絕情感干擾	大量收集使用者回饋數據，借鑒其他領域先進技術，以資料分析結果進行產品開發決策	開發新一代 GPU 時，分析使用者回饋及借鑑半導體技術改良產品；解決某款 GPU 卡頓問題，透過收集遊戲及硬體資料改進演算法
多元化思維與創新，突破從眾心理禁錮	開拓新的市場領域，與各方合作推動技術創新，將人工智慧應用於不同領域	2015 年投身自動駕駛領域，與奧迪合作推出概念車；將人工智慧用於醫療領域，開發醫學影像分析軟體
完善的風險管理機制，應對不確定因素	對新專案進行嚴格風險評估，預測各類可能問題	啟動自動駕駛專案前，風險評估團隊全面評估技術可行性、法律規定、市場需求等方面

精準的市場洞察，擺脫經驗主義的束縛。經驗主義，常常是直覺陷阱的重要源頭。企業容易被過去的成功經驗所矇蔽，陷入自滿與僵化的困境。而輝達卻能敏銳地擺脫經驗主義的枷鎖，以精準的市場洞察，掌握時代的脈動。

在西元 2000 年前後，電腦圖形處理器（GPU）市場競爭激烈，眾多企業為爭奪有限的市場占有率而激烈廝殺。此時，輝達 並未盲目跟風其他企業，而是深入分析市場數據資料和技術發展趨勢。他們意識到，隨著科技的不斷進步，人工智慧領域將迎來巨大的發展機遇。高效能運算將成為人工智慧發展的關鍵基礎，這無疑為 GPU 製造商帶來了新的挑戰與機會。

輝達沒有被過去在圖形處理器領域的輝煌所矇蔽，而是果斷地將資源投入到人工智慧技術的研發中。他們深知，僅僅依靠傳統的圖形處理業務，無法在未來的市場競爭中保持領先地位。透過對市場趨勢的精準掌握，輝達勇敢地邁出了轉型的步伐，為企業的長遠發展奠定了堅實基礎。

在 2010 年左右，當大多數 GPU 製造商還在專注於提升遊戲繪圖效能時，輝達已經開始關注人工智慧領域的發展。他們敏銳地察覺到，隨著資料量的爆炸式增加和運算需求的不斷提升，人工智慧將成為未來科技的核心領域之一。這種超越傳統視野的能力，讓輝達能夠擺脫對過去成功經驗的過度依賴，不被當前的市場格局所束縛，從而有機會發現新的機遇和挑戰。

堅持資料驅動決策，摒棄情感的干擾。情感因素常常會影響企業的決策，導致對市場需求的高估或低估。而輝達始終堅持以資料為依據進行決策，避免了情感因素的影響。

在產品開發過程中，輝達不僅廣泛收集大量的使用者回饋資訊，了解使用者對繪圖效能、功耗等方面的需求，還積極借鑑其他領域的先進技術。透過對這些資料的分析和整合，輝達的研發團隊能夠打破傳統思考模式，導入全新的架構設計和製程。

比如，在開發新一代 GPU 時，輝達透過對使用者回饋資料的深入分

第九章　實踐之道—讓策略走出紙面

析，發現使用者對圖形處理的速度和品質有著更高的要求。同時，他們借鑑了半導體製造領域的先進技術，採用更小的製程工藝，提升晶片的效能和能效比率。這種資料驅動的決策方式，使得輝達的產品能夠更好地滿足使用者需求，在市場上更具競爭力。

有一次，輝達收到了大量使用者回饋，指出某款 GPU 在進行特定遊戲時出現了卡頓現象。研發團隊立即對該問題進行了深入分析，透過收集大量的遊戲運作資料和硬體效能相關資料，發現是由於 GPU 在處理某些複雜情境時的演算法不夠完善。於是，他們對演算法進行了改進，釋出了新的驅動程式，成功解決了卡頓問題，讓使用感受大幅改善。

多元化思維與創新，突破從眾心理的禁錮。從眾心理容易讓企業失去獨立思考的能力，盲目跟隨市場潮流，從而陷入同質化競爭的泥潭。而輝達則以多元化思維和創新為武器，突破從眾心理的束縛，引領產業發展潮流。

輝達不斷開拓新的市場領域，積極探索人工智慧在不同領域的應用。

他們與全球各大科技企業和研究機構合作，共同推動技術創新。在 2015 年，當大多數科技公司還在專注於智慧型手機和平板電腦市場時，輝達已經開始將目光投向自動駕駛領域。他們意識到，隨著人工智慧技術的發展，自動駕駛將成為未來交通的重要趨勢。於是，輝達投入大量資源研發自動駕駛技術，推出了專門的自動駕駛運算平臺 Drive PX。

例如，輝達與德國汽車製造商奧迪合作，共同開發自動駕駛技術。雙方結合各自的技術優勢，輝達提供強大的運算平臺和人工智慧演算法，奧迪則提供汽車製造和工程技術方面的專業知識。透過這種合作，他們成功推出了一款具有高度自動駕駛能力的概念車，引起了業界的廣泛關注。

這種多元化的合作模式為輝達帶來了更多的創新思路和技術突破，進一步鞏固了其在產業中的領先地位。同時，輝達還將人工智慧技術應用於醫療領域，利用其強大的圖形處理技術和人工智慧演算法，開發出了用於醫學影像分析的軟體，幫助醫生更準確地診斷疾病。

完善的風險管理機制，應對不確定因素。在商業發展過程中，企業不可避免地會面臨各種風險，如技術風險、市場風險和競爭風險等。輝達高度重視風險管理，建立了完善的風險管理制度和預警機制，有效地應對了各種不確定因素。

在技術研發方面，輝達對每一個新專案都進行嚴格的風險評估，預測可能出現的技術困難和研發週期延長等問題。例如，在啟動自動駕駛專案之前，輝達的風險評估團隊對技術可行性、法律規定、市場需求等方面進行了全面的評估。他們分析了自動駕駛技術面臨的技術挑戰，如感測器精度、演算法可靠性、資料安全等問題，並制定了相應的應對措施。

同時，輝達密切關注競爭對手的動態，及時調整自己的策略。當市場上出現新的競爭對手或技術變革時，輝達能夠迅速做出反應。在2018年，當英特爾宣布進入人工智慧晶片市場時，輝達立即對自己的產品策略進行了調整。他們加快了新一代GPU的研發進度，提升了產品的效能和能效比率，同時降低了價格，以保持自己在市場上的競爭力。

此外，輝達積極拓展全球市場，降低對單一市場的依賴，從而分散市場風險。輝達在中國、印度、歐洲等地都設立了研發中心和辦事處，與當地的企業和政府機構合作，共同推動人工智慧技術的發展。這種分散市場風險的策略，使得輝達在面對地區性市場波動時，能夠有更多的轉圜餘地，提升了企業的抗風險能力。

輝達的成功經驗為我們提供了寶貴的啟示：樹立理性分析和資料驅

第九章 實踐之道——讓策略走出紙面

動的決策理念,讓企業能夠準確掌握市場趨勢和使用者需求;培養多元化思維和創新能力,開拓新市場,推動技術創新;建立完善的組織架構和人才團隊,確保資訊暢通、決策高效,激發創新熱情;加強風險管理,建立預警機制,降低風險損失。在商業的征程中,直覺陷阱如影隨形,但只要我們保持警惕,以科學的方法和堅定的執行力武裝自己,就能避開陷阱,將宏偉藍圖變為現實。

永遠要做離錢最近的事

「離錢最近的事」並非是一種短視的對眼前利益的追逐，而是一種對市場需求深度且精準的洞察，是聚焦於那些能夠產生切實經濟效益的核心業務的智慧抉擇。這一理念無疑是企業在競爭中脫穎而出的關鍵密碼。它要求企業擁有一雙敏銳的眼睛，能夠像獵豹捕捉獵物般迅速捕捉市場趨勢的微妙變化，並且果斷地投入資源，以滿足使用者那迫切而真實的需求。只有這樣，企業才能夠在短時間內快速獲取市場占有率，並收穫豐厚的利潤回報，為自身的永續發展築牢堅實無比的保障基石。

一個影音平臺，在其誕生之初，就如同擁有一雙慧眼，敏銳地察覺到了行動網路時代資訊傳播正在發生的深刻變革契機。那時，人們對個性化、碎片化資訊的渴望，恰似一股洶湧澎湃的暗流，在看似平靜的資訊海洋之下劇烈湧動，急待有智者去挖掘和滿足。他們果敢無畏地將大量資源投入到相關領域的開發中，憑藉其精準得如同指南針般的演算法推薦技術，為使用者精心呈上了一場個性化的資訊盛宴。

抓住娛樂社交需求

短影音平臺便是在人們對娛樂和社交有著強烈需求的背景下應運而生的。當短影音還處於萌芽階段，如同剛剛破土而出的嫩苗時，該企業就以其卓越的遠見卓識，預見到了短影音所蘊含的巨大潛力。他們快速地投入資源，精心打造出了熱門的短影音社交平臺。簡潔易用的介面，就像一扇通往精彩世界的便捷之門；豐富多樣的內容，恰似一座取之不盡的娛樂寶庫；強大的社交功能，則像是一條條無形的網，將使用者們緊密相連。這些特色讓短影音平臺如同一塊擁有強大吸力的磁石一般，

第九章　實踐之道—讓策略走出紙面

吸引著無數使用者蜂擁而至。他們精準地抓住了使用者在娛樂和社交方面的困擾，完美地滿足了他們的需求，從而迅速獲得了可觀的市場占有率和豐厚的利潤回報。

中長影片領域的優質內容與商業拓展

　　上述的企業同樣在中長影片領域進行了布局，打造了有著獨特的價值和魅力的中長影片平臺。中長影片相對於短影音而言，內容更加豐富、深入，製作也更加精良，就像是一部部精心製作的小型紀錄片。他們憑藉其優質的內容和出色的使用者經驗，在中長影片領域迅速站穩腳跟，如同在一片肥沃的土地上茁壯成長的參天大樹。透過與眾多才華橫溢的創作者展開廣泛合作，推出了大量的優質內容，這些內容如同璀璨的繁星，涵蓋了影視、音樂、美食、旅遊等多個領域，滿足了使用者對於高品質影片的強烈需求。對於廣告主來說，這也為他們提供了更多的商業機會。例如，一些品牌商家可以透過在平臺上投放廣告，或者與創作者合作推出訂製內容，如同在繁華的商業街道上開設了醒目的店鋪，能夠有效提升品牌的知名度和影響力。同時，他們還透過會員制度、付費內容等多元化的方式實現盈利。使用者可以透過購買會員，享受無廣告觀看、高畫質等特權，就像進入了一個專屬的優質觀影包廂。付費內容主要包括一些獨家的影視、音樂等作品，使用者可以透過付費觀看這些內容，如同購買珍貴的藝術門票，享受獨一無二的視聽盛宴。

　　此外，他們還積極拓展海外市場，將優質的中長影片內容推向國際，如同一位文化使者，將精彩的內容傳播到世界的每一個角落，提升企業在國際市場上的影響力。

汽車領域的專業服務與商業變現

該企業還打造了一個汽車資訊平臺，為使用者提供了全面、專業、權威的汽車資訊、評測、銷售等一系列服務。隨著人們生活水準的日益提升，汽車已經如同人們生活中的親密夥伴，成為了不可或缺的一部分。他們敏銳地抓住了這一廣闊的市場需求，為使用者打造了一個了解汽車的整合式服務平臺。透過與眾多汽車廠商、經銷商展開緊密合作，獲取了豐富得如同寶藏般的汽車資源。使用者在平臺上，可以輕鬆了解到各種汽車品牌和車型的詳細資訊，包括汽車的效能參數、外觀內裝設計、測評報告、價格走勢等，如同擁有了一位專業的汽車顧問。同時，他們還為使用者提供了汽車購買指南、保養知識等實用資訊，就像一本貼心的汽車生活手冊，幫助使用者選擇和使用汽車，讓使用者在汽車的世界裡不再迷茫。在商業變現方面，該平臺也有著多元化的盈利模式。廣告是他們的主要收入來源之一，汽車廠商和經銷商可以透過在平臺上投放廣告，提升品牌的知名度和產品的銷量，就像在汽車愛好者的聚集地裡豎起醒目的廣告招牌。電商則是他們近年來迅速崛起的一種商業模式，使用者可以在平臺上直接購買汽車配件、裝飾品等商品，如同在汽車用品賣場裡自由選購。資料分析服務則是平臺為汽車廠商和經銷商提供的一種專業服務，透過對使用者行為資料的深入分析，為他們提供市場調查、人物誌（或稱使用者畫像）等有價值的服務，幫助他們了解市場需求和使用者需求，就像為汽車企業配備了一雙洞察市場的慧眼。

僅僅知曉「離錢最近的事」是遠遠不夠的，這只是邁向成功的第一步。

關鍵在於如何將其轉換為實際的商業價值，而這需要企業擁有強大得如同鋼鐵堡壘般的策略執行能力。上述企業懷揣著一個宏偉的目標，那就是立志成為全球領先的資訊傳播和內容創作平臺，為使用者提供優

第九章　實踐之道—讓策略走出紙面

質、個性化的資訊和娛樂服務，如同在商業的天空中建起一座耀眼的燈塔。圍繞這一偉大目標，他們精心制定了詳細周全的策略規劃，其中包括擴大技術研發投入、積極拓展全球市場、不斷豐富內容生態等一系列重要措施。這些措施就像一支支鋒利無比的利箭，精準地射向目標，為他們的發展提供了強大的動力。高效率的組織架構是策略執行的有力保障，如同大廈的穩固地基。他們採用了扁平化的組織架構和高效的團隊合作模式，這種模式就像拆除了阻礙資訊流通的層層障礙，打破了層級的束縛，讓資訊能夠如同自由流淌的河水般在企業內部自由流通。他們所採用的「小前臺、大中臺」的組織架構模式更是獨具匠心，它將技術、資料、營運等核心資源集中在中臺，就像為企業打造了一個強大的資源寶庫，為前臺的產品團隊提供了源源不斷的強大支持。在平臺的開發過程中，這種模式發揮了巨大的作用，它讓產品團隊能夠像閃電般迅速獲取所需資源，在短時間內完成產品的開發和更新，確保產品能夠以最快的速度回應市場需求，始終保持領先地位。

　　人才是企業發展的核心競爭力，是企業在商海中航行的動力泉源。他們高度重視人才的培養和引進，如同一位惜才如金的伯樂，在人才的世界裡尋覓千里馬。他們為人才提供了具有強大競爭力的薪酬待遇、舒適宜人的工作環境和廣闊無垠的發展空間。他們的人才團隊充滿了創新精神和高效的執行力，他們就像一群勇往直前的戰士，勇於嘗試新的技術和理念，不斷推陳出新，為企業的發展注入源源不斷的活力。在產品開發過程中，他們如同技藝精湛的工匠，精準執行公司的策略決策，精心雕琢每一個產品細節，確保產品的品質達到最高標準，為使用者帶來無與倫比的使用經驗。企業的成功，離不開這支優秀人才團隊的辛勤努力和卓越創新。

　　溝通與合作也是該企業策略執行的重要環節，如同機器運轉的潤滑劑。他們透過建立完善的內部溝通平臺、定期召開團隊會議、積極舉行

團隊活動等多種方式，大力加強了企業內部的溝通與合作。在這樣的良好氛圍下，員工之間相互學習、相互幫助，如同一家人般共同進步，形成了良好的團隊氛圍。這種團隊精神，就像一種強大的黏合劑，將企業的各個部門緊密地團結在一起，讓大家同心齊力，共同為實現企業的目標而努力奮鬥。

他們的成功之路並非一帆風順，在策略執行的漫長征程中，他們也面臨著各式各樣如同荊棘般棘手的挑戰。市場變化的不確定性，就像洶湧澎湃的海浪，隨時可能以排山倒海之勢將企業的航船掀翻；競爭對手的挑戰如影隨形，如同飢餓的狼群，不斷地從四面八方擠壓市場空間；內部資源的限制也像是一道緊箍咒，緊緊地箍在企業的頭上，制約著企業的發展，讓企業在前行的道路上舉步維艱。

面對挑戰時，企業應採取有效的應對策略，才能在商業的戰場上立於不敗之地。

加強市場調查與分析

面對這些嚴峻的挑戰，該企業採取了一系列行之有效的應對策略。他們加強市場調查和分析，如同派出了一支支敏銳的偵察部隊，密切關注市場動態，及時掌握市場變化趨勢和競爭對手的一舉一動。透過大數據分析、使用者調查等先進手段，深入了解使用者需求和市場趨勢的每一個細微變化，為產品的開發和改良提供堅實有力的依據。在平臺的發展過程中，他們就是憑藉這種對市場的深入洞察，不斷改良演算法推薦和內容推薦機制，如同為使用者打造了一把更加精準的資訊鑰匙，提升了使用者的滿意度和黏著度，讓使用者愛不釋手。

建立靈活應變機制

他們建立了靈活的應變機制，就像為企業安裝了一套靈敏的應急系統，使其能夠迅速應對市場變化和突發事件。在面對新冠疫情等突如其

第九章　實踐之道—讓策略走出紙面

來的重大突發事件時，能夠迅速調整生產經營策略，擴大線上業務的投入，推出直播銷售、高品質付費內容等全新的業務模式，如同在黑暗中點亮了一盞盞希望之燈，為使用者和創作者提供了更多的價值。

改善資源配置

改善資源配置是他們確保資源被有效利用的關鍵措施，如同一位精明的管家合理安排家中的財富。他們將大量資源投入到技術研發、產品創新和人才培養等關鍵領域，為企業的長期發展奠定了堅實得如同磐石般的基礎。同時，他們注重資源的整合和協作，透過對內部資源進行合理的最佳化配置，提升了企業的整體營運效率，讓企業的每一份資源都能發揮出最大的價值。

加強風險管理

加強風險管理也是該企業發展策略中的重要一環，他們建立了完善的風險管理制度和預警機制，就像建造了一座堅固的防洪堤防。對市場風險、技術風險、法律風險等各種可能出現的風險進行全面評估和管理，同時加強對平臺內的不良內容的管理，如同為使用者營造了一個健康、純淨的數位環境，確保平臺的健康、穩定發展。

在商業的漫漫征程中，我們必須像獵人尋找獵物般敏銳地洞察市場趨勢，找到「離錢最近的事」。同時，我們還要透過有效的策略執行，如同能工巧匠將原物料轉化為精美的藝術品一樣，將其轉換為實際的商業價值。這需要我們明確目標與策略規劃，建立強大的組織架構，培養優秀的人才團隊，加強溝通與合作。面對挑戰時，我們要像勇敢的戰士一樣，採取有效的應對策略，加強市場調查和分析，建立靈活的應變機制，使資源配置最佳化，加強風險管理，這樣才能在商業的戰場上立於不敗之地。

刪除重而不重要的成本，減少成本負擔

在企業的發展之路上，那些重而不重要的資本就像頑固的藤蔓，緊緊纏繞，成為企業前行的沉重負擔。它們如同多餘的贅肉，看似無害，實則嚴重拖慢企業奔跑的速度。只有堅決地將這些重而不重要的成本刪除，企業才能掙脫束縛，如輕盈的飛鳥，在競爭的藍天中自由翱翔。把成本控制在理想水準，如0％或者20％，雖困難重重，但這正是考驗企業智慧與決斷力的關鍵，是企業邁向輝煌的必經之路。

以甲骨文公司為例，在其發展早期，業務擴張帶來規模成長的同時，成本也如脫韁之馬急遽上升。大面積的辦公場所、臃腫的行政人員團隊，以及大量效果不彰的行銷活動，這些看似平常的部分，卻如同隱匿的黑洞，吞噬著企業利潤。短期內或許影響不明顯，但長此以往，企業的盈利能力和競爭力被嚴重削弱，就像一艘漏水的巨輪，在商海中逐漸下沉。

重而不重要的成本為何成為企業心腹大患？原因眾多。首先，它像貪婪的巨獸，大量吞噬企業的資金資源，使得企業在關鍵業務投入上捉襟見肘。

比如，企業若在無關緊要的業務上耗費過多資金，技術研發和產品創新的資金必然減少，這無疑是在自毀長城，削弱核心競爭力。其次，這些成本是企業營運效率的絆腳石。過多的行政人員會讓決策流程陷入冗長的泥沼，而不必要的行銷活動則是對時間和精力的巨大浪費，讓企業在煩瑣事務中疲憊不堪。最後，高成本讓企業在市場競爭中舉步維艱。高昂的成本使得產品價格缺乏競爭力，在價格戰中只能敗下陣來，丟失寶貴的市場占有率。

第九章　實踐之道─讓策略走出紙面

聚焦核心業務：割捨非核心，釋放資源

甲骨文深知認清核心業務是刪除重而不重要成本的核心策略。作為全球頂尖的企業級軟體解決方案供應商，甲骨文始終將軟體研發、技術創新和客戶服務視為重中之重。在軟體研發領域，持續投入大量資金和菁英人才，全力推出創新軟體產品，滿足客戶複雜多樣的需求。例如，在人工智慧、大數據、雲端運算等尖端技術領域積極探索，為企業發展注入強勁的動力，使軟體產品始終站在產業前端。在客戶服務方面，建構完善的服務體系，能夠對客戶需求快速回應，高效解決問題，客戶滿意度極高。憑藉這種專注核心業務的策略，甲骨文毅然捨棄房地產投資、餐飲服務等非核心業務。儘管這些業務短期內能帶來些許收益，但從長遠來看，它們會分散資金和資源，與核心業務毫無關聯。割捨之後，甲骨文成本大幅降低，營運效率和競爭力顯著提升，如同卸下沉重包袱，輕裝上陣。

改良組織架構：扁平效率，人盡其才

改良組織架構、精簡人員配置是甲骨文成本控制的關鍵環節。甲骨文採用扁平化組織架構，打破層級障礙，資訊傳遞更加迅速，決策效率大幅提升。在業務部門，透過區域銷售團隊與產業銷售團隊相互結合的模式，既保證了市場觸及的廣度，又提升了銷售效率，避免了人員冗餘。同時，甲骨文重視員工發展，透過內部培訓和職業規劃提升員工能力。豐富的培訓課程和學習資源，協助員工提升專業技能和綜合素養。完善的職業發展規劃，為員工指明方向，激發員工工作熱情和創造力，從人員素養提升角度進一步降低營運成本。

創新商業模式：雲端運算服務的價值創造

　　創新商業模式是甲骨文降低成本的有力武器。隨著雲端運算技術興起，甲骨文敏銳洞察這一趨勢，果斷推出雲端運算服務。其雲端運算服務具有無可比擬的優勢：高可靠性，如同堅固的堡壘，保障客戶資料安全和業務持續運作；高靈活性，能根據客戶個性化需求進行訂製，滿足不同業務情境；高 CP 值，採用按需付費模式，客戶無需購買昂貴的硬體設備和軟體金鑰，僅按實際使用量付費，極大地降低了採購和維護成本。透過雲端運算服務，甲骨文不僅有效降低了自身營運成本，還拓展了業務邊界，開闢新的收入來源，鞏固在企業級軟體市場的領導地位，真正實現成本與收益的改良平衡。

強化供應鏈管理：降低成本、提升效率的關鍵環節

　　加強供應鏈管理是甲骨文控制成本的重要措施。甲骨文與供應商建立長期穩定的合作關係，透過集中採購、批次採購等策略降低採購成本。對供應商嚴格篩選和精細管理，確保原物料和服務品質。在硬體採購環節，與全球知名硬體供應商達成策略合作，獲取更優惠價格和優質服務。同時，改良物流配送和庫存管理，降低物流成本和庫存積壓。先進的物流配送系統，科學規劃配送路線和時間，提升配送效率；精準的庫存管理系統，減少庫存浪費，讓資源利用更有效率。

內外兼修：企業內部成本控制與外部策略協同

　　甲骨文不僅在外部業務環節對成本進行改良，在企業內部也實施一系列嚴格的成本控制措施。建立嚴格的費用審批制度，對每一項費用進行精細的審查和嚴格控制，杜絕浪費。改進辦公流程，去除繁瑣環節，

第九章　實踐之道—讓策略走出紙面

提升辦公效率，減少不必要的辦公成本。同時，透過內部培訓和職涯發展規劃提升員工能力，降低因人員失誤或低效率導致的營運成本，全方位打造低成本、高效率的營運模式。

市場變化的不確定性是首要挑戰。商業世界風雲變幻，市場趨勢難以精準預測。對於甲骨文而言，市場的風吹草動都可能使成本控制策略失效，進而衝擊盈利能力和競爭力。為應對這一挑戰，甲骨文建立了專業的市場調查團隊，定期深入市場調查分析，隨時掌握市場動態和客戶需求變化。建立快速決策機制和應急預案，一旦市場有變，能迅速反應，靈活調整策略。加強與客戶的溝通合作，與客戶共同應對市場變化，增強應對風險的能力。

競爭對手的挑戰如影隨形。商業競爭殘酷激烈，對手無處不在。競爭對手的衝擊可能導致甲骨文市場占有率下滑，影響盈利和競爭優勢。對此，甲骨文加強技術研發和創新投入，匯聚大量資金和人才，持續推出創新性的軟體產品，滿足客戶日益變化的需求。強化市場行銷和品牌經營，透過多種管道廣泛宣傳，提升品牌知名度和好感度，吸引更多客戶。深化與合作夥伴合作，共同打造更優質的整合解決方案，提升綜合競爭力，捍衛市場地位。

內部員工牴觸是不容忽視的挑戰。在削減重而不重要成本過程中，可能涉及員工利益調整，引發反感。為化解這一問題，甲骨文加強溝通協調，透過內部培訓、溝通會議等方式，向員工詳細闡釋成本控制策略和目標，讓員工理解成本控制對企業和自身發展的重要意義。建立獎勵機制，如獎金、股票期權等，鼓勵員工積極參與成本控制，提出有價值的建議。關注員工利益和需求，提供良好的職業發展空間和福利待遇，增強員工歸屬感和積極性，將員工牴觸轉化為積極參與的動力。

甲骨文的成本改良實踐為企業提供了寶貴經驗。在商業競爭中，企

業要實現策略目標，必須精準刪除重而不重要的資本，嚴格控制成本。透過確立核心業務、改良組織架構、創新商業模式、加強供應鏈管理等一系列措施，企業能夠有效降低成本，提升營運效率和盈利能力，在市場競爭中才能脫穎而出。

　　同時，企業在策略執行過程中必然面臨市場變化、競爭對手和內部員工等多方面挑戰。只有加強市場調查分析、建立靈活應變機制、重視技術研發創新、強化市場行銷品牌經營、深化合作夥伴關係、關注員工利益需求，企業才能在複雜多變的商業環境中穩健前行，實現成本最佳化與策略突圍的雙贏。

第九章　實踐之道─讓策略走出紙面

第十章
看懂世界局 —— 策略的全球定位思維

在商業全球化的洶湧浪潮中，世界是一個沒有邊界的戰場，策略覺醒則是在此中崛起的關鍵。各國市場的差異與融合、全球產業鏈的重塑、跨國競爭的硝煙，都要求企業擁有全球視野。當多數企業還在本土局限中徘徊時，擁有全球視野，並已策略覺醒的強者已如鯤鵬展翅，重塑競爭格局。

未來企業的競爭，是商業模式之間的競爭

在當今這個飛速發展的時代，產品的更新換代如同流星劃過夜空，轉瞬即逝；價格的競爭更是如同硝煙瀰漫的戰場，血腥而慘烈，但這些都只是商業競爭的表面現象。真正決定企業未來命運的，是商業模式的創新與顛覆。

一個卓越的商業模式，能讓企業在激烈的競爭中脫穎而出，如同夜空中最璀璨的星辰，閃耀著獨特的光芒。

一、商務中心的崛起與創新模式

某商務中心企業自年成立以來，猶如一顆耀眼的新星在商業天空中迅速崛起。其核心商業模式是打造共享辦公空間，為創業者、自由職業者和中小企業提供靈活、便捷的辦公場所和服務。這一商業模式的創新之處，猶如一把神奇的鑰匙，打開了未來辦公的新大門。

打破傳統辦公租賃模式

他們打破了傳統辦公租賃的模式，以共享經濟的理念為基礎，將辦公空間進行分割和改良。這就像是對傳統辦公模式的一場革命，讓資源得到了最大化的利用。例如，初創科技公司創始人小王，在傳統辦公室租賃辦公室面臨高昂租金和長期租約束縛，而在該商務中心，他可以根據公司發展情況隨時調整座位數量，既節省成本又提升靈活性。這種靈活租賃的方式，為眾多創業者和中小企業提供了一條成本更低、效率更高的辦公之路。

打造社群化營運模式

該商務中心不僅僅是提供物理空間，更致力於打造一個充滿活力和創新氛圍的社群。在這裡，不同產業、不同背景的創業者和企業匯聚一堂，相互交流、合作，分享資源和經驗。就像一個充滿魔力的磁場，吸引著各種創新力量的匯聚。在一次創業分享活動中，一家設計公司與一家網路科技公司相遇，雙方發現業務互補，展開合作共同開發創新產品，為彼此帶來新的發展機遇。這種社區化的營運模式，為企業創造了更多的商機和靈感。

提供加值服務

他們還提供一系列加值服務，如創業輔導、投融資轉介、法務顧問、財務服務等。這些服務如同及時雨，滿足了企業的多樣化需求。對於剛剛起步的新創公司來說，更是雪中送炭。一家小型電商企業在他們的創業輔導下，改良商業模式，成功獲得投資，實現快速發展。這些加值服務不僅為企業提供了專業支持，也為企業帶來了額外的收入來源。

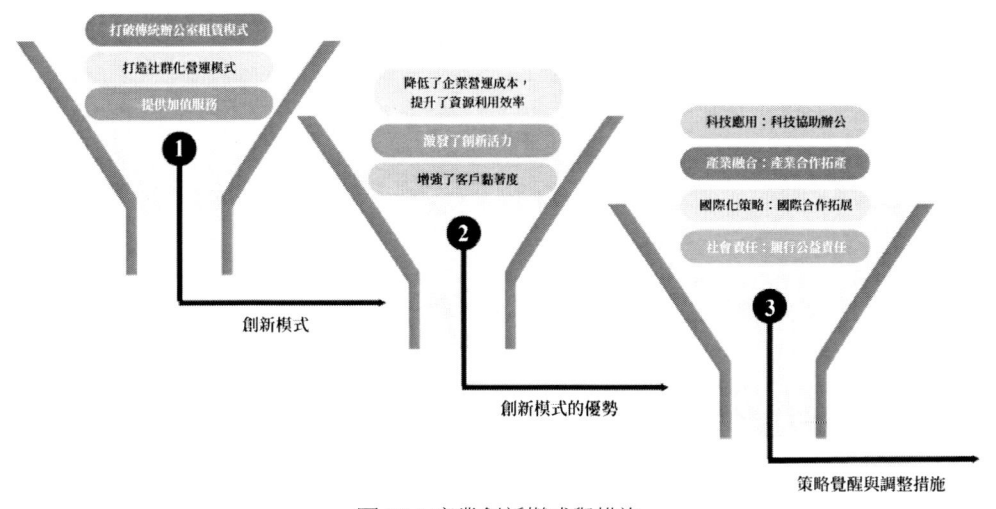

圖 10-1 商業創新模式與措施

二、創新模式的優勢與影響

商業模式創新的重要性在當今競爭激烈的商業世界中不言而喻。該商務中心企業的商業模式創新為企業帶來了多方面的好處。

一方面，透過共享辦公模式，降低了企業營運成本，提升了資源利用效率。在經濟形勢不穩定的情況下，這種成本優勢尤為重要。比如在疫情期間，許多企業面臨資金緊張的困境，他們的靈活租賃模式和低成本辦公解決方案，為這些企業提供了生存和發展的空間。創業者和中小企業可以用更低的成本獲得高品質的辦公環境和服務，從而更加專注於業務發展。

另一方面，社群化的營運模式激發了創新活力。在他們的社群中，企業相互學習、借鑑，共同探索新的商業機會。這種創新氛圍不僅有助於企業成長，也為整個產業的發展注入了新的動力。一些在商務中心的企業透過合作，共同開發新技術和產品，推動了產業的進步。

此外，加值服務的提供增強了客戶黏著度。企業在享受辦公空間的同時，還能獲得一系列專業服務，提升工作效率和競爭力。一家企業在該商務中心的投融資轉介服務下成功獲得融資，對他們的服務高度認可，不僅繼續在該地辦公，還推薦其他企業入駐。

三、全球視野與國際拓展

在全球化的背景下，他們意識到全球視野的重要性，積極拓展國際市場。此時，競爭不再局限於特定區域，而是來自全球各地。這種競爭不僅展現在產品和服務品質上，更表現在商業模式的創新和競爭力上。

在拓展國際市場的過程中，他們面臨著來自不同國家和地區共享辦公企業的競爭。這些競爭對手商業模式各有特色，有的注重科技應用，

有的強調社群文化，有的專注特定產業領域。例如在歐洲市場，一些共享辦公企業注重環保和永續發展，透過使用可再生能源和綠色建材，打造環保型辦公空間。他們積極借鑑國際先進經驗，在辦公空間加強環保措施，如推廣綠色辦公理念、使用節能設備等，以提升自身競爭力。

四、商業模式的特徵與趨勢

從他們的發展歷程中，可以窺見未來企業商業模式的特色。

以客戶為中心是未來企業商業模式的重要特徵。企業需要深入了解客戶的困擾和需求，為客戶提供個性化、訂製化的產品和服務。他們透過提供靈活的辦公空間租賃方案和多樣化的加值服務，滿足了不同客戶的需求，展現了以客戶為中心的理念。對於需要頻繁出差的企業，也提供全球會員服務，讓客戶可以在他們不同國家和地區的辦公空間自由切換，極大地提升了客戶的便利性。

創新驅動是未來企業商業模式的核心動力。企業需要不斷探索新的商業模式、產品和服務，以適應市場變化和客戶需求。共享辦公模式就是一種創新的商業模式，打破了傳統辦公租賃模式，為企業提供了新的選擇。隨著人工智慧技術的發展，未來的辦公空間可能會更加智慧化，透過智慧設備和軟體，實現自動化的辦公管理和服務。

生態系統建設是未來企業商業模式的關鍵環節。企業需要與合作夥伴建立良好的合作關係，共同打造互利雙贏的生態系統。他們透過與創業服務機構、投資機構、科技企業等合作，為入駐企業提供全方位的服務，建構一個充滿活力的生態系統。在這個生態系統中，企業可以獲得更多的資源和支持，實現快速發展。

永續發展是未來企業商業模式的重要考量因素。企業需要關注環境

第十章　看懂世界局─策略的全球定位思維

保護、社會責任等方面，實現經濟、社會和環境的永續發展。他們在辦公空間的設計和營運中，注重節能環保，推廣綠色辦公理念，展現了永續發展的理念。

五、策略覺醒與調整措施

該企業在發展過程中，不斷進行策略覺醒和調整，以適應市場變化和未來發展趨勢。

科技應用方面，隨著科技的不斷發展，他們積極導入人臉辨識技術、智慧辦公設備、大數據分析等新技術，提升辦公空間的智慧化程度。透過人臉辨識技術，入駐企業員工可以快速進入辦公空間，提升安全性和便利性。大數據分析則可以幫助企業了解客戶需求，改良服務內容和布局。

產業融合方面，他們積極探索與不同產業的融合，拓展業務領域。

與文化創意產業合作，打造充滿藝術氛圍的辦公空間，吸引眾多創意企業入駐；與科技產業合作，建立科技創業孵化基地，為科技企業提供技術支援和資源轉介。

國際化策略方面，他們繼續推進國際化策略，加強與國際合作夥伴的合作，拓展全球市場。注重文化融合和在地化營運，根據不同國家和地區的市場需求和文化特色，調整服務內容和模式。與當地創業服務機構合作，為入駐企業提供更符合當地市場需求的服務。

社會責任方面，他們注重履行社會責任，積極參與公益事業，推廣綠色辦公理念。組織環保公益活動，鼓勵入駐企業和員工減少浪費、節約能源。支持社會創業和公益專案，為社會創造更多價值。

從這個案例中，可以總結出建構具有競爭力商業模式的方法。

企業要深入了解市場和客戶需求，透過市場調查、資料分析等手段，掌握客戶的困擾和需求。只有了解客戶需求，才能為客戶提供有價值的產品和服務，建構具有競爭力的商業模式。

企業要敢創新和嘗試，不斷探索新的商業模式、產品和服務。鼓勵員工提出創新想法，建立創新激勵機制，推動企業創新發展。勇於嘗試新的商業模式和技術，不斷探索新的市場機會。

企業要與合作夥伴建立良好的合作關係，共同打造互利雙贏的生態系統。實現資源共享、優勢互補，提升競爭力。注重合作的永續性，建立長期穩定的合作關係。

企業要關注科技發展趨勢，積極應用新技術，提升產品和服務的品質和效率。關注人工智慧、大數據、區塊鏈等新興技術的發展，探索這些技術在企業中的應用情境，提升企業競爭力。

企業要注重永續發展，關注環境保護、社會責任等方面。制定永續發展策略，採取環保措施、履行社會責任，推動企業永續發展。

在全球視野下的策略覺醒中，未來企業的競爭確實是商業模式之間的競爭。他們作為共享辦公領域的創新者，為我們提供了一個很好的案例。

然而，未來的商業世界充滿不確定性和挑戰，企業要不斷進行策略覺醒和調整，以適應市場變化和未來發展趨勢。只有不斷創新和改良商業模式，以客戶為中心，關注科技發展趨勢，注重永續發展，建立合作夥伴關係，企業才能在未來的競爭中脫穎而出，實現永續發展。

第十章　看懂世界局—策略的全球定位思維

你無所不能的時候，留一條活路給別人

在全球化的大舞臺上，企業若只知一味地擴張與掠奪，不為對手留一絲喘息之機，最終只會陷入孤立無援的境地。只有當企業在強大之時，依然心懷敬畏，為其他企業留一條活路，才能共同建構一個健康、永續的商業生態。這樣的企業，才能在全球化的浪潮中站穩腳跟，實現長久的發展，而不是如曇花一現般短暫輝煌後迅速凋零。

一家新崛起的新能源汽車製造商，它致力於打造智慧化、高效能的新能源汽車，憑藉不斷的技術創新，推出了一系列極具競爭力的車型。這些車型不僅效能卓越，價格也極具優勢，精準地滿足了消費者對新能源汽車的需求。

崛起與挑戰

該製造商成功主要是背後有一支由頂尖工程師和科學家組成的強大研發團隊。他們在新能源汽車技術領域有著深厚的學術底蘊和豐富的實踐經驗，不斷推動著企業的技術創新。同時，他們對產品品質和使用者經驗的高度重視，透過嚴格的品質把關和完善的售後服務，贏得了消費者的信任與好評。此外，他們積極拓展市場通路，採用線上與實體相結合的行銷方式，迅速提升了品牌知名度和市場占有率。

然而，隨著企業的迅速發展，它逐漸在產業中展現出一種「一覽眾山小」的態勢。技術創新的不斷突破和市場占有率的持續擴張，固然是企業實力的彰顯，但也如同一股強大的氣流，在產業的天空中掀起波瀾，對其他新能源汽車企業帶來了前所未有的壓力。以電池技術領域為例，如果他們憑藉自身優勢對優質電池供應商進行壟斷，那麼其他企業

就可能陷入電池供應的「乾涸沙漠」，生產與銷售鏈將被無情截斷，產業的供應鏈平衡也將被徹底打破，最終導致整個產業的發展列車在前進的軌道上緩緩停滯。從促進創新和競爭的層面來說，在一個健康的市場環境中，企業間的競爭與創新是推動產業發展的強大動力。如果他們為其他企業留一條活路，讓他們有機會參與競爭，那麼整個產業將會更加充滿活力。就像在智慧駕駛技術方面，他們可以與其他企業分享技術經驗和研發成果，共同推動智慧駕駛技術的發展。這樣不僅能提升整個產業的技術水準，也能促使自己在競爭中不斷進步，避免陷入技術停滯的困境。

企業的破局

(一) 合作雙贏的策略布局

他們在意識到自身發展可能對產業生態造成的潛在影響後，迅速調整策略羅盤，將合作雙贏的理念鑄刻在企業發展的旗幟之上。在與供應商的合作畫卷中，與電池廠商攜手共繪高效能電池技術研發的宏偉藍圖便是濃墨重彩的一筆。雙方如同兩位默契的舞者，在技術的舞臺上相互配合，你進我退，我攻你守，共同為消費者演繹出一場電池效能與安全性的精彩盛宴。

同時，他們積極與其他新能源汽車企業進行廣泛而深入的技術交流與合作。在這片合作的花園裡，他們既是慷慨的播種者，將自身的技術優勢與創新靈感播撒出去，為合作專案培育出茁壯成長的幼苗；也是謙遜的採擷者，精心收集其他企業的先進管理經驗與營運智慧，用以滋養自身的發展根基，實現企業綜合實力的螺旋式上升。

（二）標準引領與形象塑造

在產業標準的制定舞臺上，他們以產業龍頭的擔當身姿，主動參與新能源汽車充電標準等關鍵標準的制定。它像是一位指揮家，用統一充電接頭標準的指揮棒，協調著不同品牌新能源汽車與充電樁之間的和諧共處，讓充電設施的利用率如同火箭般飛速提升。這一措施不僅為消費者打開了便捷充電的大門，更為整個產業的健康有序發展鋪設了一條平坦的大道，使產業內的企業在規範的架構內自由馳騁，公平競爭。

從企業形象塑造的視角來看，在全球化商業的璀璨星空中，企業形象是一顆最為耀眼的星星。他們深知，在自身發展的漫漫征途中，若能兼顧其他企業的利益訴求，以合作包容的暖陽照亮前行的道路，必將收穫社會各界的尊重與認可。這份尊重與認可，如同肥沃的土壤，滋養著他們的品牌之樹，使其枝繁葉茂，品牌價值節節攀升，為企業在市場的風雨中屹立不倒築牢了堅實的口碑堡壘。

企業的競爭合作

（一）技術共享的產業燈塔

在智慧網聯技術的浩瀚海洋中，他們本可獨自駕駛著技術創新的帆船，駛向遠方的財富島嶼。然而，它卻選擇成為一座明亮的燈塔，為整個產業指引方向。透過舉辦技術研討會和培訓活動，將智慧語音互動、遠端控制等技術創新的寶藏無私地展現在其他企業面前。在一次研討會上，其技術專家的分享如同智慧的火種，點燃了其他企業代表心中創新的火焰，促使整個產業在智慧網聯技術的航道上加速前行，相關技術如繁花般在更多車型中綻放，技術更新升級的浪潮此起彼伏，消費者也因此得以暢享更加智慧便捷的駕駛感受。

(二) 供應鏈協同與市場拓展

在供應鏈合作的故事裡,當某電池供應商在技術研發的黑暗森林中迷失方向,遇到重重困難時,該製造商如同一位勇敢的騎士,率領技術團隊深入其中,與供應商並肩作戰。他們共同揮舞著智慧與勇氣的寶劍,披荊斬棘,最終成功研發出高效能、高安全性的電池產品。這一勝利的果實,不僅滿足了他們自身生產的旺盛需求,也如同甘霖般滋潤著其他新能源汽車企業,為它們提供優質可靠的電池解決方案,穩定了產業供應鏈的根基,推動整個產業在技術進步的高速公路上穩步前行。

在不同地區的市場拓展版圖中,他們巧妙地運用了合作與競爭的策略魔術方塊。它與當地經銷商如同緊密咬合的齒輪,共同建構起高效運轉的銷售和服務網路機器。同時,與其他新能源汽車企業攜手並肩,在品牌推廣與市場活動的舞臺上共同起舞。透過聯合舉辦促銷活動、品牌宣傳活動等精彩節目,他們成功吸引了更多消費者的目光,共同提升了新能源汽車在這些區域的市場占有率。這一策略的成功實施,實現了自身發展與產業繁榮的完美和弦,奏響了一曲和諧共生的商業樂章。

(三) 競爭中的合作典範

在緊湊型 SUV 市場這片競爭激烈的角鬥場中,他們與品牌 A 狹路相逢。雙方都手握效能出色、價格相近的「武器」,一場激烈的競爭似乎在所難免。然而,他們卻展現出了非凡的智慧與胸懷。沒有選擇用惡意競爭的利刃傷害對手,而是以敏銳的洞察力發現品牌 A 在某些技術領域的獨特優勢。於是,他們如同一位和平使者,主動遞出合作的橄欖枝,與品牌 A 展開深入交流。經過多輪艱難而又充滿希望的協商,雙方最終達成合作共識,共同投資研發新一代智慧駕駛輔助系統。他們將各自的優勢技術如同珍貴的寶石般鑲嵌在一起,打造出一款功能強大、效能卓越

第十章　看懂世界局─策略的全球定位思維

的智慧駕駛輔助系統。這款系統不僅為消費者帶來了更加安全、便捷的駕駛感受，如同為他們的出行披上了一層堅固而又智慧的鎧甲；也為雙方企業在市場競爭的戰場上鑄就了一把無堅不摧的寶劍，提升了雙方的核心競爭力，更為整個新能源汽車產業在智慧駕駛技術的創新發展歷程中樹立了一座不朽的豐碑。

在新能源汽車充電樁布局的策略棋局中，他們再次展現出高瞻遠矚的領袖風範。他們聯合了多個新能源汽車品牌，組成一支強大的聯盟軍隊，共同向充電樁布局的難題發起衝鋒。他們與政府部門和能源企業展開深入而細緻的協商合作，如同經驗豐富的外交官，在各方利益的平衡木上巧妙行走。透過整合各方資源，他們成功推動了充電樁的大規模建設與普及應用。這一措施如同在新能源汽車發展的道路上點亮了一盞盞明燈，解決了使用者充電的後顧之憂，提升了消費者對新能源汽車的接受度與信任度，為整個產業的永續發展營造了一個陽光明媚、充滿希望的春天。

發展足跡後的商業智慧沉澱

他們在全球化商業舞臺上的精彩表演，為其他企業留下了一部珍貴的啟示錄。

在創新的舞臺上，他們用自主研發核心技術和高 CP 值產品的成功案例，大聲宣告創新是企業在全球化競爭中脫穎而出的魔法鑰匙。其他企業應如虔誠的學徒，擴大研發投入，精心培育創新人才，用心營造鼓勵創新的文化氛圍，不斷打磨差異化的產品和服務，以滿足消費者日益多變的需求口味，在創新的引擎驅動下，駛向永續發展的光明彼岸。

在全球化視野的拓展方面，他們積極進軍國際市場的策略布局，為

其他企業繪製了一幅清晰的航海圖。企業應如勇敢的航海家，樹立全球視野，用敏銳的目光洞察國際市場的需求風向與競爭暗礁，精心制定國際化策略，積極加強國際合作與交流，不斷提升國際化營運的航海技能，在全球市場的廣闊海洋中，實現資源的最佳化配置與市場占有率的拓展，讓企業的品牌旗幟在世界的各個角落高高飄揚，增強國際競爭力與品牌影響力。

在企業間關係的處理上，他們的合作雙贏實踐是一面明亮的鏡子。

它清晰地映照出企業之間並非是你死我活的叢林野獸，而是相互依存、相互促進的生態夥伴。其他企業應摒棄狹隘的競爭觀念，如同善良的農夫，用心呵護合作雙贏的種子，與供應商、合作夥伴及同行廣泛進行真誠合作，實現資源的共享及收穫、優勢的互補互助，共同抵禦產業發展中的狂風暴雨，攜手共建健康、繁榮的商業新生態，在全球化商業的浩瀚星空中，綻放出屬於自己的璀璨光芒。

價值是決定企業生死的唯一標準

　　價值，並非單一層面的概念，它是一個複雜且多元的體系，恰似一座宏偉的大廈，其基石是經濟價值，支柱是社會價值，穹頂是環境價值，這三者共同撐起了企業生存與發展的天空，也成為決定企業生死的關鍵因素。（詳見圖 10-2）

　　經濟價值，是企業在商海搏擊的立足之本。

　　在全球商業的激烈角逐中，企業必須增強盈利能力、拓展市場占有率。知名的電池製造商創立之初便清晰地確定了自身價值方向，在經濟價值創造方面表現堪稱卓越。持續的研發投入是其成功的關鍵，透過導入先進技術與設備、培養高素養研發團隊，他們研發出一系列極具競爭力的產品。像三元鋰電池和磷酸鐵鋰電池，以高能量密度、長壽命和高安全性在新能源汽車領域獨領風騷，與國際大牌汽車製造商長期合作，不僅為企業帶來穩定訂單與豐厚利潤，更大幅提升了品牌影響力和市場競爭力。同時，成本控制與效率提升也是他們的重要策略。改良生產流程、強化供應鏈管理，全球多地布局生產基地實現規模效益，運用自動化生產設備和智慧化管理系統提升生產效率、降低人力成本，積極開拓國際市場，增強了企業抵禦風險的能力。

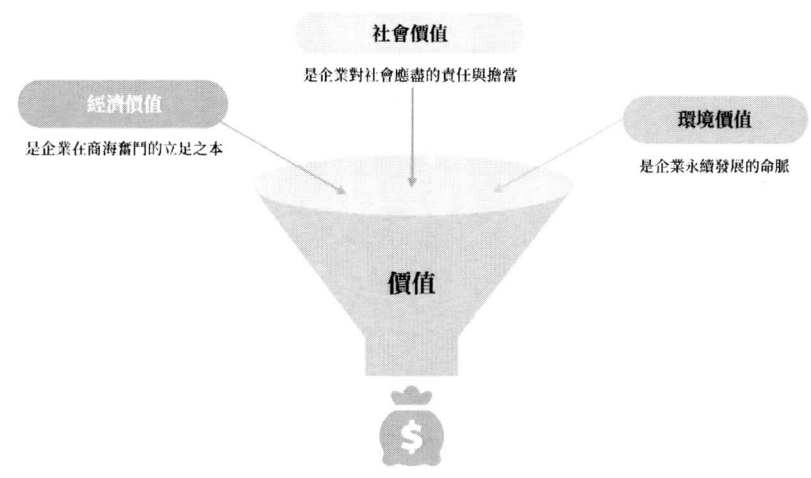

圖 10-2 企業價值的元素及其重要性

社會價值，是企業對社會應盡的責任與擔當。

在全球經濟一體化的大環境下，富有社會責任感的企業更容易贏得消費者的信賴。他們積極履行社會責任，在各地建立生產基地，大量吸收勞動力，有效緩解社會就業壓力。而且，企業重視員工培養，提供良好工作環境和福利待遇，提升員工技能與素養，提升員工收入水準，為社會穩定和發展助力。此外，積極投身公益事業是他們社會價值的另一項展現。在生產過程中，他們積極採用環保材料和節能技術，工廠配備先進汙水處理和廢氣處理設備，保證廢水廢氣的排放合乎標準，同時大力推廣新能源汽車應用，為環保事業貢獻力量。他們還透過舉辦技術研討會、文化活動等形式，促進產業交流與社會進步，比如舉辦新能源汽車動力電池技術研討會，邀請各國專家學者和企業代表參加，分享技術成果和經驗，推動產業發展。

環境價值，是企業永續發展的命脈。

在全球環境問題日益突顯的今天，重視環境保護的企業，不僅能實現自身的長遠發展，更能為地球的未來貢獻力量。他們將環境價值提升

第十章　看懂世界局──策略的全球定位思維

到策略高度，在動力電池生產環節，積極採用綠色環保的原物料和先進製程。例如無鈷電池技術的研發，既減少了對稀缺資源的依賴、降低生產成本，又降低了對環境的汙染。同時，企業廣泛應用節能設備和能源管理系統，提升能源利用效率。其推出的儲能系統，以環保節能的特點備受關注，它能夠有效儲存太陽能、風能等可再生能源，並在需要時穩定供電，解決了可再生能源間歇性和不穩定性問題，提升了可再生能源利用效率，為實現碳達峰、碳中和目標發揮積極作用。

　　該企業創造價值的核心要點在於創新驅動、品質至上和人才為本。創新是企業價值成長的引擎，他們將創新視為企業發展的靈魂，持續進行大量的創新投入，建構完善的創新體系，激發員工創新熱情，為員工創造良好創新環境和支持。設立創新獎勵基金，對在技術、管理、商業模式等創新領域表現突出的員工予以獎勵。同時，積極與各大學、研究機構進行合作，共同推進技術研發和創新專案。在動力電池技術創新領域，快充技術的突破解決了電動車充電時長問題，固態電池、鈉離子電池等尖端技術研究為未來新能源汽車發展提供有力技術支撐。

　　品質是企業價值的直觀呈現，他們始終堅守品質至上原則，從原物料採購、製程到品質檢測，每個環節都嚴格把關。建立嚴謹的品質管制體系，確保產品品質符合國際標準。原物料採購環節嚴格篩選供應商，保證原物料品質可靠；生產環節運用先進技術和設備，保障產品品質穩定；品質檢測環節對每個產品嚴格檢驗，確保符合品質要求。企業獲得 ISO9001 品質管制體系認證、ISO14001 環境管理體系認證、OHSAS18001 職業健康安全管理體系認證等多項國際認證，這不僅彰顯了該企業產品的高品質，更提升了品牌影響力和市場競爭力。

　　人才是企業價值創造的關鍵，他們高度重視人才的引進和培養，建立完善的人才管理體系。企業為人才提供優厚薪酬待遇、舒適工作環境

和廣闊發展空間，吸引眾多優秀人才加入。為員工提供高額獎金、股票期權、有薪休假等有競爭力的薪酬福利，注重員工培訓和發展，為員工創造多樣學習和晉升機會。與各大學和研究機構合作推動人才培養專案，為優秀學生提供實習和就業機會，既為企業自身儲備高素養人才，又為社會發展貢獻力量。

他們實現價值的策略途徑包括精準市場定位、品牌經營和國際化策略。精準市場定位是實現價值最大化的核心環節，他們透過深入市場調查和資料分析，精準掌握市場需求和趨勢，將目標市場聚焦於新能源汽車和儲能領域。針對這兩個領域，他們提供個性化產品和服務。在新能源汽車市場，推出不同規格和效能的動力電池產品，滿足不同車型和使用者的需求；針對儲能市場，訂製化儲能系統解決方案為使用者提供有效、可靠的儲能服務。

品牌經營是企業價值的重要依託，他們高度重視品牌打造，透過持續創新設計、提升產品品質和加強品牌推廣，塑造出了知名度高、好感度好的品牌。企業運用廣告宣傳、公關活動、社群媒體行銷等多種管道和方式進行品牌推廣，提升品牌知名度和好感度，增強消費者忠誠度和市場競爭力。積極參與國際展會和論壇，展現企業技術實力和產品優勢，提升品牌國際影響力，為國際化發展打好地基。

國際化策略是他們實現價值最大化的必經之路，企業積極拓展國際市場，透過在各國建立分支機構、與國際企業合作等方式，將產品和服務推向多個國家和地區，贏得國際市場認可。在歐美等技建設生產基地和銷售網路，為當地新能源汽車廠商提供優質動力電池產品和服務。與國際知名汽車廠商攜手合作，共同開發新能源汽車動力電池技術，提升產品國際競爭力。

在全球競爭的大舞臺上，他們深知持續提升價值的重要性。持續進

行創新投入，推出更多創新性產品和服務；進一步提升產品品質，強化品牌經營和國際化策略，拓展國際市場；更加積極履行社會責任，關注社會和環境問題，為社會發展貢獻更多力量。持續增加新能源汽車動力電池技術研發投入，推出效能更佳、更安全、更環保的動力電池產品。加強與各大學和研究機構合作，共同對新能源汽車動力電池技術進行研發，推動新能源汽車產業發展。積極參與社會公益事業，關注環境保護和永續發展，著重環保技術研發和應用投入，減少生產過程中的環境汙染和資源浪費，積極推廣新能源汽車應用，為降低碳排放、改善環境品質不懈努力。

總之，在全球視野下，價值是決定企業生死的唯一準則。企業唯有深刻領悟價值的重要性，透過創新驅動、品質保障、人才支撐等策略實現價值創造與提升，同時精準定位市場、加強品牌塑造、實施國際化策略拓展市場空間、提升競爭力，關注社會和環境問題、履行社會責任，達成經濟、社會、環境價值的統一，才能在全球市場的驚濤駭浪中穩立潮頭，實現永續發展的宏大目標。

只有對手才是真正的知音

在商業的宏大棋局中，對手是企業發展征程中極為重要的角色，是真正意義上的知音。他們如同一面明鏡，企業藉此能清晰洞察自身狀況，認清優勢與不足。剖析對手的策略規劃、產品特性和市場表現，企業就能找到自身於產業中的座標，進而有針對性地調整和改善。這如鏡的對手，是企業成長路上不可或缺的指引。

某汽車製造商誕生於競爭白熱化的新能源汽車領域，初出茅廬便遇到眾多強勁對手。但它將對手帶來的競爭壓力化為創新的力量。在電池續航和智慧駕駛輔助系統方面，對手各有亮點。有些對手在電池續航上優勢明顯，有些則在智慧駕駛輔助功能方面表現突出。他們深入研究，將創新重點聚焦於這兩個核心領域。

於電池技術而言，看到對手憑藉先進的電池管理系統提升續航和壽命，他們便積極作為，與優質電池供應商深度合作，投入大量資源，成功研製出高能量密度、長續航的電池，同時改良充電技術，大幅縮短充電時長，極大改善了使用者經驗。在智慧駕駛領域，當對手推出自動停車、自動巡航等先進功能受到關注時，他們迅速組成頂尖團隊全力突破瓶頸，打造出產業領先的智慧駕駛輔助系統，實現高速公路自動導航輔助駕駛、市區道路自動跟隨等創新功能。

該製造商在與國際知名新能源汽車品牌競爭時，發現對方電池安全技術精湛，其多重防護和即時監測系統能保障電池在極端情況下穩定運作。他們深受啟發，立刻加強研發投入力道，最終推出自己的電池安全管理系統，可即時監測電池狀態，在異常情況發生時迅速做出反應，保障使用者行車安全，有效提升產品競爭力和使用者滿意度。面對以豪華內裝和舒適駕乘感受著稱的對手，他們借鑑其座椅材質選擇、車內空間

第十章　看懂世界局—策略的全球定位思維

布局和靜音技術，經改進創新，新款車型在舒適性方面顯著提升，贏得消費者好評。

對手是持續創新的強勁鞭策。在激烈的市場競爭中，企業若想超越對手，必須持續創新，推出更具競爭力的產品和服務。他們深諳此理，始終將對手視為創新的動力泉源。在電池技術領域，他們密切留意對手在快充技術上的突破，迅速加大自身研發力度，成功縮短使用者充電時間。在智慧駕駛系統方面，他們在與研究機構、大學合作的同時，積極借鑑對手的改良系統。當看到對手透過多重感測器融合技術和先進演算法提升系統安全性時，他們將類似技術導入自身系統，進一步增強了安全性。此外，他們還積極探索商業模式和服務創新。借鑑對手建立充電網路和售後服務體系的做法，積極投入充電基礎設施的建置，與各地充電營運商合作建立充電網路，並推出便捷維修、免費保養、24小時道路救援等個性化售後服務，全方位提升使用者經驗。在面對新能源汽車企業推出的新型行銷模式時，他們也快速做出反應，結合自身特色加以創新，透過推出更豐富的線上互動活動，與知名科技部落客和汽車媒體合作進行產品評測和推廣，有效擴大了品牌影響力和市場占有率。

從全球視角審視，對手能夠成為攜手共進的夥伴。當下，企業間的競爭已不再是簡單的零和賽局，合作雙贏成為發展的新方向。他們深刻領會這一點，積極探尋與對手的合作機會。新能源汽車市場潛力龐大，他們明白僅憑自身力量難以實現快速發展。於是，它與國內電池企業建立策略合作關係，共同研發新型電池技術，達成技術優勢互補。雙方不僅在技術研發上相互支持，還在市場推廣方面深度合作，聯合舉辦一系列新能源汽車推廣活動，有效提升了新能源汽車的市場認知度和接受度。同時，他們與國際新能源汽車企業進行廣泛的技術交流與合作，相互學習先進技術和管

理經驗，共同探索全球市場發展機遇。例如，他們與歐洲新能源汽車企業合作開發針對歐洲市場的新能源汽車，他們充分發揮自身在智慧駕駛技術方面的優勢，而對方則提供在歐洲市場的銷售通路和售後服務體系，透過優勢互補，這款新能源汽車在歐洲市場獲得了優異的銷售成績，為他們進一步拓展國際市場奠定了堅實基礎。還有一次，他們與一家在車載娛樂系統方面有獨特創新的新興科技公司競爭，這家公司推出了整合虛擬實境技術的車載娛樂系統，為使用者帶來全新駕乘感受。他們車積極應對，與相關科技企業合作，共同研發出具有人工智慧互動功能的車載娛樂系統，研發了語音控制、智慧導航等功能，還能根據使用者喜好和習慣進行個性化推薦，顯著提升了產品競爭力。

對手是持續創新的強勁鞭策。對手能夠成為攜手共進的夥伴。

1	2	3	4
深入研究對手	建立競爭情報系統	學習對手專長	與對手合作共贏
組成專業的市場調查團隊，定期對競爭對手的產品進行拆解分析，詳細了解其技術原理和設計思路。同時，運用大數據分析對手的市場占有率、使用者滿意度、銷售通路等資訊，準確掌握市場動態和對手的優勢與劣勢，為企業戰略決策提供有力支援。	招聘經驗豐富的競爭情報分析師，建立涵蓋全球的情報網。藉助先進的情報軟體，及時獲取各地競爭對手的最新動態和產業發展趨勢，為企業管理階層提供準確、及時的決策依據。	建立自己的使用者社群，舉辦自駕出遊、技術講座等豐富多彩的活動，增強使用者黏著度和忠誠度，同時收集使用者回饋意見，為產品改進和創新提供依據。	捨棄傳統的零和賽局思維，積極與競爭對手在技術研發、市場推廣、充電基礎設施建置等多個領域展開廣泛合作，由此以自身技術水準和市場競爭力，推動整個產業向前發展。

圖 10-3 企業從對手身上汲取智慧的策略

第十章 看懂世界局—策略的全球定位思維

那麼，企業該如何從對手這一知音身上汲取智慧呢？

他們有著清晰的思路和實踐。其一，深入研究對手。組建專業的市場調查團隊，定期對競爭對手的產品進行拆解分析，詳細了解其技術原理和設計思路。同時，運用大數據分析對手的市場占有率、使用者滿意度、銷售通路等資訊，準確掌握市場動態和對手的優勢與劣勢，為企業策略決策提供有力支持。

其二，建立競爭情報系統。他們高度重視這一系統的建置，召募經驗豐富的競爭情報分析師，建立遍及全球的情報網。藉助先進的情報軟體，及時獲取其他競爭對手的最新動態和產業發展趨勢，為企業管理層提供準確、及時的決策依據。

其三，學習對手長處。他們善於發現對手的優點並積極借鑑。例如，看到競爭對手在使用者經驗設計方面表現出色，便建立自己的使用者社群，舉辦自駕旅遊、技術講座等豐富多彩的活動，增強使用者黏著度和忠誠度，同時收集使用者回饋意見，為產品改進和創新提供依據。

其四，與對手合作雙贏。摒棄傳統的零和賽局思維，積極與競爭對手在技術研發、市場推廣、充電基礎設施建設等多個領域進行廣泛合作，以此提升自身技術水準和市場競爭力，推動整個新能源汽車產業向前發展。

在全球化的時代浪潮中，他們以全球視野謀劃發展。在穩固區域市場的同時，積極拓展國際市場。透過與國際新能源汽車企業合作，成功將產品推向多個國家和地區，贏得國際市場認可。與歐洲汽車租賃公司合作，將新能源汽車投放到歐洲市場，不僅擴大了市場占有率，還顯著提升了品牌國際影響力。在進軍北美市場時，與當地汽車經銷商和研究機構合作，深入了解當地市場的特點和需求，在此基礎上對產品進行針對性的改良，推出符合北美市場標準的新能源汽車。同時，他們積極參

與當地的汽車展覽和相關活動,有效提升品牌知名度和產品曝光度,逐步在北美市場站穩腳跟,為進一步拓展國際市場累積了寶貴經驗。

一言以蔽之,在商業競爭的洶湧浪潮中,對手絕非企業發展的阻礙,而是成長中的企業用自身的實踐生動詮釋了「只有對手才是真正的知音」這一深刻道理。未來,企業應以全球視野為指引,積極面對競爭對手,善於從對手中汲取智慧,持續提升核心競爭力,實現永續發展,從而在激烈的市場競爭中屹立不倒,創造更為輝煌的業績。

行穩致遠，不過度關注短期得失

在全球商業棋局中，企業決策生死攸關。然而，無數企業對短期利益的盲目追逐，已成企業發展的巨大災難，其破壞程度堪稱毀滅性，侵蝕企業各個環節。

一家潮流玩具製造商是企業全球化發展的優秀範例。它誕生於潮流文化興起之時，創始人敏銳捕捉到潮流玩具領域的潛力。創業初期，他們精心挑選潮流玩具，與優秀設計師和小眾品牌合作，為消費者打造充滿創意與個性的潮流玩具世界，如同在潮流文化土壤中扎根的種子，蘊含無限生機，為後續發展蓄力。

隨著市場消費意識升級浪潮的到來，他們迎來關鍵發展點。其實體門市不只是交易場所，更像是融合潮流文化、藝術展覽和購物體驗的夢幻殿堂。門市裝修獨具特色，現代感與藝術氣息交融，玩具陳列如同精心策劃的藝術展，為消費者帶來強烈的視覺與情感衝擊，讓他們在潮流玩具市場迅速崛起。

同時，他們在線上通路拓展方面也表現出非凡智慧。他們巧妙利用社群媒體和網路平臺的強大影響力，透過釋出精美的產品圖片、引人入勝的開箱影片和與消費者深度互動，掀起潮流玩具網路熱潮，吸引無數消費者目光和購買欲望。網路與實體店面協力發展，推動他們潮流玩具領域的龍頭。

但他們並未止步於單一市場的成功，其目光已投向全球。這一策略決策彰顯了其全球策略覺醒意識。他們積極參與國際玩具展和潮流文化展，在國際舞臺上，以極具視覺衝擊力和文化內涵的展現方式，向世界展現豐富多樣的潮流玩具產品，與國際市場深度對話和碰撞。

在國際市場拓展中，他們策略眼光卓越、市場策略靈活。它首先選

擇文化背景相似、對潮流文化接受度高的亞洲國家和地區作為突破口。比如在日本，他們與當地知名零售商緊密合作，在東京、大阪等潮流文化中心城市開設專賣店。這些專賣店在裝修和產品陳列上充分尊重日本當地文化和消費習慣，並巧妙融入品牌特色，讓日本消費者在熟悉的氛圍中感受到新鮮感和獨特魅力，從而迅速站穩腳跟，贏得大量年輕潮流愛好者的喜愛。在韓國和東南亞部分國家，也透過舉辦新品發表會、粉絲見面會等活動，拉近與當地消費者的距離，提升品牌知名度和影響力。

更重要的是，他們在品牌經營中注重文化內涵的注入與傳播。每一個玩具都承載著豐富的文化內涵。他們透過與全球各地藝術家和設計師深度合作，將不同文化元素巧妙融入產品。比如與國際知名街頭藝術家合作推出的限量版玩具，將街頭藝術的塗鴉風格、自由奔放的精神與潮流玩具設計完美結合，讓消費者在擁有玩具的同時感受街頭文化的獨特魅力。在歐洲市場，他們強調產品的藝術價值和文化深度，成功吸引了對設計、藝術敏銳的消費者。在法國巴黎的一次潮流文化活動中，他們的展示區成為當地藝術愛好者和潮流青年的聚集地，充分展現了文化輸出在品牌國際化過程中的強大作用。

在產品創新與品質把關方面，他們實力強勁、態度嚴謹。在創新上，他們深知潮流玩具市場變化迅速，創新是品牌活力的關鍵。它不斷推出新的系列和角色，不同風格的系列構成豐富多彩的產品矩陣，為消費者帶來無盡選擇。同時，透過與全球藝術家和設計師合作、舉辦全球設計大賽等方式，廣泛導入多元文化背景下的創意元素，保持產品在全球市場的新鮮感和吸引力。

在品質把關上，他們建立了一套嚴格的品質控制體系，涵蓋原物料採購、製程到成品檢驗各個環節。原物料採購環節，只選符合國際環保標準和高品質要求的優質材料，確保玩具安全無毒、經久耐用。製程方

第十章　看懂世界局─策略的全球定位思維

面，與先進製造商緊密合作，全程嚴格監督。從玩具模具製作、零件組裝到塗裝環節，都有詳細品質標準和操作規範，如嚴格控制顏料品質和塗裝工藝，保證顏色鮮豔、均勻且不易褪色，使玩具外觀保持高品質。成品檢驗階段，每個玩具都要經過多道嚴格檢查程序，只有通過所有檢驗的產品才會進入市場。這種嚴格的品質把關，讓其產品在全球消費者中贏得良好口碑，為品牌國際市場長期穩定發展提供堅實保障。

在供應鏈與通路建設上，他們展現出卓越的管理能力。其供應鏈體系高效且靈活，在全球與優質原物料供應商和生產製造商建立長期穩定合作關係。透過集中採購降低原物料成本，並利用規模效應爭取更有利的價格和交貨條款。在物流配送方面，與國際知名物流企業合作，建立遍及全球的物流網路，藉助先進物流資訊科技，對貨物運輸、倉儲和配送進行即時監控和管理，確保產品能快速、準確送達全球各地門市和消費者手中。面對電商購物節等銷售高峰，能透過大數據分析提前預測銷量，及時調整生產和庫存計畫，保證產品充足供應，提升消費者的購物感受。

在通路建置上，他們採取多元化且富有策略性的布局。除在全球各大商圈開設專賣店外，還與大型購物中心、百貨公司等商業大型企業合作開設專櫃或主題店鋪，店鋪選址經過精心市場調查，位於人流量大、目標客戶集中的黃金地段。同時，根據不同節日、季節或特殊活動，在熱門商業地段開立快閃店，以獨特主題設計和限時供應產品營造緊迫感和獨特性，吸引大量消費者前往購買。同時他們擁有自己的網路電商平臺，並與全球各大知名電商平臺合作，擴大線上銷售觸及範圍。此外，充分利用社群媒體平臺進行線上銷售和行銷推廣，與網紅合作、釋出創意廣告，引導消費者直接購買。

這種多元化通路布局，使該企業能觸及不同消費習慣和地域的消費者，增強市場穩定性和抗風險能力。

他們的成功為中小型企業提供了寶貴經驗和深刻啟示。對於中小型企業而言，要在全球市場行穩致遠，首先要樹立長期發展的策略眼光，明確自身願景和使命，這是企業發展的靈魂和方向指引。比如一家手工皮具製作中小企業，可將願景設為成為全球最具藝術價值的手工皮具品牌，使命是傳承和發揚傳統皮具製作工藝，為消費者提供獨一無二的皮具產品，這樣能在面對短期利益誘惑時保持清醒，確保決策與長期目標相符。

　　在品牌經營方面，中小型企業需投入足夠資源塑造獨特品牌形象和注入豐富文化內涵。品牌形象塑造要全方位精心打造，品牌名稱要簡潔易記且富有內涵，準確傳達核心價值；Logo 設計要有獨特性和視覺衝擊力；包裝風格要展現產品品質和特色，給予消費者良好的第一印象，且在所有行銷管道和客戶接觸點保持一致。例如一家創意文具中小企業，可設計富有童趣和創意的品牌名稱，Logo 採用簡潔可愛圖形元素，包裝使用環保且精美的材料，吸引消費者目光。

　　在文化內涵注入上，企業可從自身歷史傳承、地域文化或目標客群文化偏好入手。如歷史文化名城的手工藝品企業，可深入挖掘當地傳統文化，將傳統手工藝技法、民間故事、歷史傳說等融入產品設計，讓消費者購買商品時感受到文化內涵，在情感上與品牌建立更深厚的連結，在國際市場拓展中跨越文化差異，與不同國家和地區消費者產生共鳴。

　　產品創新和品質把關是中小型企業發展的關鍵環節。創新方面，企業要營造內部創新文化，建立有效創新機制，如設立創新獎勵基金，對有價值創新想法的員工給予物質和精神鼓勵。同時加強與外部合作創新，與大學、研究機構、專業設計師等建立緊密合作關係。例如一家智慧家居產品研發中小企業，可與當地大學電子工程科系合作推動研究專案，利用大學資源和人才優勢提升產品的生產技術。企業要定期推出新產品或對現有產品升級改進，滿足消費者需求和應對市場競爭。品質把關上，建立完善品質控制體系至關重要。從原物料採購環節嚴格篩選供

應商,確保品質符合標準。生產過程中制定詳細操作流程和品質標準,對每道工序嚴格控制。例如一家服裝生產中小企業,對布料採購、裁剪、縫製、印染等環節都要有明確的品質要求,建立檢驗制度,對成品進行全面檢查,嚴肅對待品質問題,因為品質是企業命脈,一次嚴重品質事故可能毀掉品牌聲譽。

在供應鏈和通路管理方面,中小型企業要建立高效率的供應鏈,與優質供應商建立長期穩定合作關係,透過建立良好溝通機制和合作模式降低採購成本和供應風險,可與供應商共同進行成本改良專案,提升供應鏈效率。同時利用科技實現供應鏈數位化管理,即時掌握庫存、生產進度和物流資訊。

例如一家電子配件生產中小企業,可與供應商共享生產計畫和庫存資訊,以達到時化生產和配送,減少庫存積壓和缺貨現象。在通路拓展上,要擺脫對單一通路的依賴,採取多元化通路策略,除傳統實體門市和線上電商平臺外,可參加產業展會、與其他相關企業聯合推廣、舉辦實體體驗活動等。比如一家戶外裝備生產企業,可參加國際戶外用品展會,展示產品功能和特色,吸引全球經銷商和消費者。同時注重線上與實體通路融合,為消費者提供無縫銜接的購物感受。

此外,中小型企業要重視國際化人才培養和團隊建立。走向全球市場需要國際化視野和能力的人才,可透過國際人才網站、招募會等途徑吸引國際化人才,為現有員工提供國際化培訓,包括語言培訓、跨文化溝通培訓、國際商務知識培訓等。

總之,在全球化商業浪潮中,中小型企業要擺脫短視行為,從策略高度重視品牌經營、產品創新、供應鏈和通路管理以及人才團隊建設等關鍵環節,借鑑成功企業的經驗,結合自身實際,找到定位,開闢發展道路,為自身長期穩定發展和全球經濟多元化發展貢獻力量。

行穩致遠，不過度關注短期得失

策略升級時代！從成長停滯到業績翻倍
成長卡關、執行失靈、團隊混亂……看懂變與不變，重建企業成長的底層思維

作　　　者：	陳小青，陳幹錦	
發　行　人：	黃振庭	
出　版　者：	財經錢線文化事業有限公司	
發　行　者：	崧燁文化事業有限公司	
E - m a i l：	sonbookservice@gmail.com	
粉　絲　頁：	https://www.facebook.com/sonbookss/	
網　　　址：	https://sonbook.net/	
地　　　址：	台北市中正區重慶南路一段 61 號 8 樓	

8F., No.61, Sec. 1, Chongqing S. Rd., Zhongzheng Dist., Taipei City 100, Taiwan

電　　　話：	(02)2370-3310	
傳　　　真：	(02)2388-1990	
印　　　刷：	京峯數位服務有限公司	
律師顧問：	廣華律師事務所 張珮琦律師	

版權聲明

本書版權為盛世所有授權財經錢線文化事業有限公司獨家發行繁體字版電子書及紙本書。若有其他相關權利及授權需求請與本公司聯繫。

未經書面許可，不得複製、發行。

定　　價：420 元
發行日期：2025 年 09 月第一版
◎本書以 POD 印製

國家圖書館出版品預行編目資料

策略升級時代！從成長停滯到業績翻倍：成長卡關、執行失靈、團隊混亂……看懂變與不變，重建企業成長的底層思維 / 陳小青，陳幹錦著 . -- 第一版 . -- 臺北市：財經錢線文化事業有限公司 , 2025.09
面；　公分
POD 版
ISBN 978-626-408-365-2(平裝)
1.CST: 企業經營　2.CST: 商業管理　3.CST: 策略規劃
494.1　　　　　114011894

電子書購買

爽讀 APP　　　臉書